21世纪高等学校计算机
专业实用规划教材

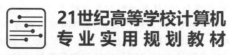

SQL Server 2012
数据库项目化教程

◎ 陈金萍 陈艳 姜广坤 主编

U0340711

清華大學出版社

北京

内 容 简 介

本书采用基于工作过程的项目化、任务驱动的教学模式,以一个完整的学生管理系统为载体贯穿整个授课过程,介绍了学生管理系统数据库的设计、数据库的创建与管理、表的创建与管理、表中数据的操作、数据的检索、数据的快速检索、视图的操作、存储过程的操作、触发器的操作、数据安全性与安全管理等。在每个项目中采取了"项目情境""任务描述""相关知识""任务分析""任务实施""拓展实训""项目小结"的结构来进行内容的整合,使学生在完成项目的过程中掌握数据库的设计和使用。为强化训练,在拓展实训中采用了图书销售管理系统,在习题中使用了职工工资管理系统。在每个项目中均配有一定数量的习题,并提供了参考答案,以方便学生使用和辅助教学。

本书紧扣实际应用的主题,书中内容前后编排合理,更好地将"教、学、练"融为一体,使学习者更快地掌握学习内容。为方便教学使用,本书提供了配套教学资源包。

本书可作为应用型本科院校、高职高专计算机专业及相近专业的教材,也可作为有关培训机构的培训教材。

图书在版编目(CIP)数据

SQL Server 2012 数据库项目化教程/陈金萍,陈艳,姜广坤主编. —北京:清华大学出版社,2017

(2023.1 重印)

(21 世纪高等学校计算机专业实用规划教材)

ISBN 978-7-302-47429-6

Ⅰ. ①S… Ⅱ. ①陈… ②陈… ③姜… Ⅲ. ①关系数据库系统-高等学校-教材

Ⅳ. ①TP311.138

中国版本图书馆 CIP 数据核字(2017)第 129452 号

责任编辑:黄 芝 王冰飞
封面设计:刘 键
责任校对:白 蕾
责任印制:刘海龙

出版发行:清华大学出版社

      网   址:http://www.tup.com.cn,http://www.wqbook.com

      地   址:北京清华大学学研大厦 A 座   邮   编:100084

      社 总 机:010-83470000   邮   购:010-62786544

      投稿与读者服务:010-62776969, c-service@tup.tsinghua.edu.cn

      质量反馈:010-62772015, zhiliang@tup.tsinghua.edu.cn

      课件下载:http://www.tup.com.cn,010-83470236

印 装 者:大厂回族自治县彩虹印刷有限公司

经   销:全国新华书店

开   本:185mm×260mm   印 张:18   字   数:441 千字

版   次:2017 年 11 月第 1 版   印   次:2023 年 1 月第 9 次印刷

印   数:14001~14500

定   价:39.50元

产品编号:073236-01

前　　言

　　SQL Server 数据库是 Microsoft 公司开发的关系型数据库管理系统。它是一个全面的数据库平台，使用集成的商业的智能工具提供了企业级的数据管理。它的数据库引擎为关系型数据和结构化数据提供了更安全可靠的存储功能，使用户可以构建和管理用于业务的高可用和高性能的数据应用程序。SQL Server 是真正的客户机/服务器体系结构，并使用图形化的用户界面，使得数据库的管理更直观、更简单。

　　SQL Server 数据库是计算机专业学生的专业课程，通过该课程的学习，学生应该掌握数据库管理的基本知识和应用技能，为后续课程的学习及走向工作岗位打下坚实的基础。

　　SQL Server 2012 是 Microsoft 公司于 2012 年发布的新一代的数据平台产品，它延续了现有数据平台的强大功能，全面支持云技术，并且能够快速构建相应的解决方案，实现私有云与公有云之间数据的扩展与应用的迁移。

　　本书基于 SQL Server 2012 数据库管理系统软件，详细介绍了数据库的设计与使用过程，内容包括学生管理系统数据库的设计、数据库的创建与管理、表的创建与管理、表中数据的操作、数据的检索、数据的快速检索、视图的操作、存储过程的操作、触发器的操作、数据安全性与安全管理等。本书具有以下特点：

　　1. 采用基于工作过程的项目化、任务驱动的教学模式

　　本书采用基于工作过程的项目化、任务驱动的教学模式，授课过程以一个完整的学生管理系统为载体，在每个项目中采取"项目情境""任务描述""相关知识""任务分析""任务实施""拓展实训""项目小结"的结构来进行内容的整合，知识为任务实施服务，任务分析讲解任务内容，任务实施指导学生完成任务，通过拓展实训进行强化训练，使学生在完成项目的过程中掌握数据库的设计和使用。

　　2. 精心构建项目，便于教学准备和实施

　　本书在选取项目时力争贴近学生的生活，选取学生熟悉的学生管理系统为贯穿课堂的授课项目，图书销售系统为拓展项目，职工工资管理系统为课后习题的贯穿项目。

　　3. 以能力培养为核心进行设计

　　本书注重培养学生的实际应用能力，将理论与实践融为一体，以项目为主线组织教学内容，围绕教学的 4 条主线——课堂教学、上机实训、拓展实训、课后习题来进行设计和内容的组织，使教师讲授有系统性、学生学习有系统性。

　　4. 完整的课程资源

　　本书提供完整的教学课件、整体教学设计、单元教学设计、教案以及各个项目的源代码、课后习题答案。

　　本书主要面向应用型本科院校、高职高专计算机专业及相近专业的学生，也可以作为有关培训机构的培训教材。

本书由大连海洋大学应用技术学院陈金萍、陈艳、姜广坤共同编写,项目 3~项目 5 由陈金萍编写,项目 6~项目 10 由陈艳编写,项目 1、项目 2 和附录由姜广坤编写,最后由陈金萍完成统稿。本书在编写过程中参考了大量网络资源和其他老师的教材,也得到了同事和朋友的帮助与支持,并且清华大学出版社的编辑对本书的策划、出版也做了大量的工作,在此一并表示衷心的感谢!

由于时间仓促和编者水平有限,书中难免存在不足之处,恳请广大读者给予批评指正。

本书的配套资源包可以从清华大学出版社网站(www.tup.com.cn)下载。在使用本书过程中如遇问题,请与作者联系。作者 E-mail:8235102@qq.com。

编　者
2017 年 7 月

目　　录

项目 1　学生管理系统数据库的设计

项 目 情 境

　　学生管理是高校教学管理工作的重要组成部分,主要用于高校学生档案管理、学生成绩管理和课程信息管理等。目前高校的学生管理主要面临的问题是:学生处在进行毕业审核时需要花大量时间审核纸面资料成绩,学生想查询自己的成绩也要到教务处那里从一堆堆的成绩单中去查,非常不方便;随着学生一批批毕业,学校的学生的资料在不断累加,需要有大量的空间来存储,也需要投入大量的人力、物力和财力进行管理,因此开发一个学生管理系统势在必行,而要完成学生管理系统的开发首先要对学生管理系统数据库进行设计。

学习重点与难点

➢ 数据库的基本概念、数据模型和关系数据库
➢ 数据库的设计过程
➢ 学生管理系统数据库的设计

学习目标

➢ 了解数据库与数据库技术的基本概念
➢ 掌握数据库系统的组成
➢ 掌握数据模型的分类和特点
➢ 掌握数据库设计的过程

任 务 描 述

任务 1　学生管理系统的需求分析
任务 2　学生管理数据库的概念结构设计
任务 3　学生管理数据库的逻辑结构设计
任务 4　学生管理数据库的物理结构设计

相 关 知 识

知识要点

➢ 数据库系统概述
➢ 数据模型

> 关系型数据库
> 数据库的设计

知识点 1　数据库系统概述

随着社会信息化水平的不断提高,人们对数据的需求不断加大,对数据的管理也提出了更高的要求。数据的管理不再是传统意义上的简单存储,而是要实现数据的有效存储、高效访问、方便共享和安全控制。

1. 数据管理技术的发展

数据管理技术的发展大致经历了 3 个阶段,即人工管理阶段、文件管理阶段和数据库系统阶段。

1) 人工管理阶段

在 20 世纪 50 年代中期以前计算机才刚刚产生不久,当时的计算机主要用于科学计算,数据量很少,在硬件方面没有直接的存储设备,软件方面也没有操作系统及管理软件,所以数据由用户直接管理,数据无法实现保存和共享。

2) 文件管理阶段

在 20 世纪 50 年代后期到 60 年代中期,计算机不再单纯用于计算,而是被大量地用于数据的管理。在硬件方面出现了磁盘、磁鼓等直接存取存储设备,软件方面出现了操作系统及数据管理软件,数据被以文件的形式存放。但是数据是不独立的,数据依赖文件存在,因此数据的冗余比较大,管理和维护的代价也比较高。

3) 数据库系统阶段

在 20 世纪 60 年代后期,计算机用于数据管理的规模不断加大,应用范围越来越广泛,处理的数据量急剧增加,对数据的共享要求也越来越强烈,文件管理已经无法满足需求,并且在硬件方面出现了大容量的存储设备,软件方面出现了数据库管理系统,于是数据库系统应运而生。该系统中的数据具有整体结构性,数据的独立性比较高、共享性高,数据的冗余度小,具有较强的数据控制能力和方便的用户接口,满足了用户的需求。

2. 数据库系统的组成

数据库系统是指引入数据库的计算机系统。它包括 4 个部分,即数据库、硬件系统、软件系统、数据库用户。图 1-1 所示为数据库系统层次图。

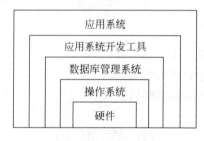

图 1-1　数据库系统层次结构图

1) 数据库

数据库顾名思义就是数据的仓库,它是存储在计算机内的有组织的可共享的大量数据的集合。数据应具有尽可能小的冗余度和较高的数据独立性。数据库不仅存放数据，也存放数据之间的联系。

2）硬件系统

硬件系统是指存储和运行数据库系统的硬件设备。数据库系统对硬件的要求是要有足够大的内存来存放操作系统、数据库管理系统的核心模块、数据库数据缓冲区、应用程序以及用户的工作区。不同的数据库产品对硬件的要求也是不尽相同的。

3）软件系统

软件系统包括数据库管理系统（DBMS）、操作系统及开发工具。操作系统要能够提供对数据库管理系统的支持。数据库管理系统是数据库系统的核心软件，是用来维护和管理数据库的，具有数据定义、数据操作和数据控制等功能。开发工具一般指高级语言，提供用户和数据库的接口。

4）数据库用户

数据库用户是指管理、开发和使用数据库的主要人员，包括数据库管理员、数据库设计人员及应用程序开发人员和终端用户。数据库管理员是对数据库进行维护和改进的，负责数据库系统的正常运行。数据库设计人员负责数据库中数据的确定，数据库各级模式的设计。应用程序开发人员负责设计和编写应用程序，以便终端用户对数据库进行操作。终端用户是使用数据库的人员。

知识点 2　数据模型

数据模型是对现实世界数据特征的抽象，用来描述数据的结构及定义。数据模型描述了数据的结构、数据的操作以及数据的约束条件，这是数据模型的 3 个要素。

1. 数据模型中的基本术语

1）实体

客观存在并且可以相互区别的事物称为实体。实体可以是具体的事物，例如一本书、一张桌子，也可以是抽象的事件，例如一项比赛、一次活动等。

2）属性

属性是用来描述实体的特性的。一个实体可以用若干个属性来描述，例如学生实体有学号、姓名、性别等属性。属性有型和值之分，型指属性的名字，比如姓名是属性的型；值是属性的具体内容，比如"李明"就是姓名属性的值。

3）实体型和实体集

具有相同属性的实体必然具有共同的特征，用若干个属性的型所组成的集合可以表示一个实体类型，称为实体型。例如系部（系号，系名，系主任）就是一个实体型。

相同类型实体的集合称为实体集，例如全体学生、所有课程等。

4）域

属性的取值范围称为该属性的域。例如学生实体的性别属性的域为"男"和"女"。

5）键或码

唯一标识实体的属性或属性的组合称为码或键。例如学生实体的码是学号，而姓名不能作为学生实体的码，因为有可能重名。

6）联系

在现实世界中事物内部以及事物之间是有联系的,事物内部的联系通常指属性之间的联系,事物之间的联系通常指不同实体集之间的联系。两个实体集之间的联系通常有以下3种类型:

（1）一对一联系

对于实体集 A 中的每一个实体,实体集 B 中最多存在一个实体与之相对应;反之,对于实体集 B 中的每一个实体,实体集 A 中最多存在一个实体与之相对应,则称实体集 A 与实体集 B 之间是一对一联系,记作 1∶1,如图 1-2 所示。

（2）一对多联系

对于实体集 A 中的每一个实体,实体集 B 中存在多个实体与之相对应;反之,对于实体集 B 中的每一个实体,实体集 A 中最多存在一个实体与之相对应,则称实体集 A 与实体集 B 之间是一对多联系,记作 1∶N,如图 1-3 所示。

（3）多对多联系

对于实体集 A 中的每一个实体,实体集 B 中存在多个实体与之相对应;反之,对于实体集 B 中的每一个实体,实体集 A 中也存在多个实体与之相对应,则称实体集 A 与实体集 B 之间是多对多联系,记作 M∶N,如图 1-4 所示。

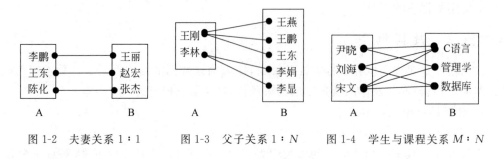

图 1-2 夫妻关系 1∶1　　图 1-3 父子关系 1∶N　　图 1-4 学生与课程关系 M∶N

2. 数据模型的分类

数据模型分为 3 种类型,即层次模型、网状模型、关系模型。

1）层次模型

层次模型是用树形结构来描述数据之间的关系。它的数据结构是一棵倒着的"有向树"。根结点在上方,每个根结点向下分支,逐层排列。当结点不再向下分支时该结点称为叶子结点。层次模型的特点是有且仅有一个根结点,每个结点有且仅有一个双亲结点。层次模型的优点是存取速度快、结构清晰、易于理解;缺点是缺乏灵活性,而且数据冗余比较大。

2）网状模型

网状模型是用网状结构来描述数据之间的关系。因为形成的是一个网,所以每个结点都有多个双亲结点,也可能出现多个结点没有双亲,因此它的缺点是结构比较复杂,存取和定位比较困难,优点是数据冗余比较小。

3）关系模型

关系模式是目前使用最广泛的数据模型。它是用二维表来描述数据之间的关系。关系模型的优点是结构灵活、数据增/删方便、数据独立性高;缺点是当数据量大时查找比较费时。

知识点 3　关系型数据库

关系型数据库的数据结构是一个由"二维表"组成的集合,每个二维表都称为一个关系。每个二维表都是由基本的行和列所组成的。下面以表 1-1 所示的学生二维表为例介绍关系型数据库的一些基本概念。

表 1-1　学生表

学　号	姓　名	性别	出生日期	入学日期	家庭住址	班级号
2016010101	于　洋	男	1994-04-06	2016-09-01	辽宁大连	20160101
2016010102	马　英	男	1994-08-12	2016-09-01	山东济南	20160101
2016010103	刘　东	女	1995-11-01	2016-09-01	辽宁沈阳	20160101
2016010104	王义满	男	1996-05-05	2016-09-01	辽宁鞍山	20160101
2016010105	王九明	男	1993-10-06	2016-09-01	山西太原	20160101
2016010201	王丽娜	男	1994-11-01	2016-09-01	河南廊坊	20160102
2016010202	王　亮	女	1995-01-02	2016-09-01	云南昆明	20160102
2016010203	付奇文	男	1997-04-03	2016-09-01	云南大理	20160102
2016010301	白　东	女	1996-07-06	2016-09-01	辽宁铁岭	20160103

1. 关系型数据库中的基本概念

1)关系

一个关系就是一张二维表,每个关系都有一个关系名。

2)元组

二维表中的行称为元组,例如学生表中的一条学生记录即为一个元组。

3)属性

二维表中的列称为属性,相当于表中的一个字段,每个属性都有一个属性名,例如学生表中的姓名就是一个属性。

4)关键字

关系中能够唯一标识一个元组的属性或属性组合称为关键字,也称为码,例如学生表中的学号就是学生关系的关键字。

5)关系模式

关系模式是对关系的描述,一般格式为关系名(属性名 1,属性名 2,……,属性名 n),例如学生关系的关系模式为学生(学号,姓名,性别,出生日期,入学日期,家庭住址,班级号)。

2. 关系代数运算

在实际应用中为了查询到用户需要的数据,往往需要对关系进行一定的运算。关系代数运算的对象和结果都是关系。关系代数的运算有两类,一类是传统的集合运算(并、差、交等),另一类是专门的关系运算(选择、投影、连接等)。传统的集合运算把关系看成元组的集合,以元组作为集合中的元素来进行运算,其运算是从关系的水平方向(即行的角度)来进行;专门的关系运算不仅涉及行运算,还涉及列运算,是为数据库的引用而引进的特殊运算。因此本知识点只介绍专门的关系运算。

1)选择运算

选择运算是指从关系中选取满足给定条件的若干元组组成一个新的关系,是从行的角度进行的运算,即从水平方向抽取元组。例如从学生表中查询性别为男的所有学生的信息,其结果如表 1-2 所示。

表 1-2　学生表的选择运算结果

学　号	姓　名	性别	出生日期	入学日期	家庭住址	班级号
2016010101	于　洋	男	1994-04-06	2016-09-01	辽宁大连	20160101
2016010102	马　英	男	1994-08-12	2016-09-01	山东济南	20160101
2016010104	王义满	男	1996-05-05	2016-09-01	辽宁鞍山	20160101
2016010105	王九明	男	1993-10-06	2016-09-01	山西太原	20160101
2016010201	王丽娜	男	1994-11-01	2016-09-01	河南廊坊	20160102
2016010203	付奇文	男	1997-04-03	2016-09-01	云南大理	20160102

2) 投影运算

投影运算是指从关系中选取若干个属性列组成新的关系,是从列的角度进行的运算,即从垂直方向进行的。例如从学生表中查询出学号、姓名、班级号,其结果如表 1-3 所示。

表 1-3　学生表的投影运算结果

学　号	姓　名	班级号
2016010101	于　洋	20160101
2016010102	马　英	20160101
2016010103	刘　东	20160101
2016010104	王义满	20160101
2016010105	王九明	20160101
2016010201	王丽娜	20160102
2016010202	王　亮	20160102
2016010203	付奇文	20160102
2016010301	白　东	20160103

3) 连接运算

连接运算是将两个关系按照连接条件拼接成一个新的关系。连接条件必须在两个关系的公共属性或者具有相同意义的属性之间进行。一般格式为表 1.公共属性＝表 2.公共属性。例如将班级表(见表 1-4)与学生表进行连接,连接条件为班级.班级号＝学生.班级号,连接结果如表 1-5 所示。

表 1-4　班级表

班级号	班级名称	班导师	系部编号
20160101	自动化 16-1	刘琦名	01
20160102	自动化 16-2	张　静	01
20160103	计算机 16	张　震	01
20160201	机制 16-1	李　明	02
20160202	机制 16-2	唐　唐	02
20160301	机制 16-3	胡　静	02

表 1-5　连接运算后的结果

学　号	姓名	性别	……	班级号	班级名称	班导师	系部编号
2016010101	于　洋	男	……	20160101	自动化 16-1	刘琦名	01
2016010102	马　英	男	……	20160101	自动化 16-1	刘琦名	01
2016010103	刘　东	女	……	20160101	自动化 16-1	刘琦名	01
2016010104	王义满	男	……	20160101	自动化 16-1	刘琦名	01
2016010105	王九明	男	……	20160101	自动化 16-1	刘琦名	01
2016010201	王丽娜	男	……	20160102	机制 16-1	李　明	02
2016010202	王　亮	女	……	20160102	机制 16-1	李　明	02
2016010203	付奇文	男	……	20160102	机制 16-1	李　明	02
2016010301	白　东	女	……	20160103	计算机 16	张　震	01

在连接运算中,按照字段值对应相等为条件进行的连接操作称为等值连接,去掉重复属性的等值连接称为自然连接,自然连接是最常用的连接运算,上面的例子属于自然连接。

知识点 4　数据库的设计

数据库设计是数据库应用系统设计与开发的关键性工作,是根据用户需求设计数据库结构的过程。具体来说是指对于给定的应用环境构造最优的数据库模式,创建数据库并建立其应用系统,使之能有效地存储数据,满足用户的信息要求和处理要求。按照规范设计法可将数据库设计分为 6 个阶段,即需求分析、概念结构设计、逻辑结构设计、数据库物理设计、数据库的实施、数据库的运行和维护。

1. 需求分析

需求分析是数据库设计的基础,是收集用户对数据和信息的要求以及处理的要求的过程。这是最复杂也是最重要的一步,这一步做得好坏将直接影响整个数据库的设计。

从数据库设计的角度来看,需求分析的任务是调查分析用户要处理的对象(例如组织、部门、企业等),通过对原工作情况的了解收集支持新系统的基础数据并对其进行处理,在此基础上确定新系统的功能。

一般来说需求分析阶段要完成下面 3 项任务:

1) 调查分析用户活动

通过对新系统运行目标的研究、对现行系统所存在的主要问题以及制约因素的分析,明确用户总的需求目标,确定这个目标的功能域和数据域。

2) 收集和分析需求数据,确定系统边界

在熟悉业务活动的基础上协助用户明确对新系统的各种需求,包括用户的信息需求、处理需求、安全性和完整性的需求等。

3) 编写系统分析报告

在系统分析阶段要形成系统分析报告,通常称为需求分析说明书。需求分析说明书是对需求分析阶段的一个总结。编写需求分析说明书是一个不断反复、逐步深入和逐步完善的过程。

2. 概念结构设计

在需求分析阶段形成的需求分析说明书只是对用户需求的描述,这些描述必须被抽象为信息世界的结构才能更好地实现用户的需求,而概念结构设计就是将用户需求抽象为信息结构,即概念模型。在概念模型的表示方法中最常用的是 P. P. S. Chen 设计的 E-R 模型(Entity-Relationship Approach),即实体-联系模型。

1) E-R 模型的基本要素及其图形表示

(1) 实体:用矩形框表示,矩形框内注明实体名。

(2) 属性:用椭圆形表示,椭圆形框内注明属性名,并用无向边将其与相应的实体连接起来。

(3) 联系:用菱形表示,菱形框内写上实体间的联系名,并用无向边分别与有关实体连接起来,同时在无向边旁标上联系的类型($1:1$、$1:N$ 或 $M:N$)。

2) E-R 模型的设计过程

E-R 模型的设计一般首先设计各局部 E-R 模型,再集成各局部 E-R 模型,形成全局 E-R 模型,将设计好的 E-R 图附相应的说明书可作为概念设计阶段的成果。

(1) 设计局部概念模型

① 明确局部应用的范围:根据应用功能相对独立、实体个数适量的原则划分局部应用。例如学生管理系统中的局部应用分为学生与课程、课程与教师、学生与班级、教师与系部、系部与班级 5 个应用。

② 选择实体,确定实体的属性及标识实体的关键字。设计局部 E-R 图的关键就是正确划分实体和属性。实体和属性在形式上没有明显的划分界限,通常按照现实世界中事物的自然划分来定义实体和属性,将现实世界中的事物进行数据抽象得到实体和属性。实际上实体和属性是相对而言的,往往要根据实际情况进行必要的调整,一般遵循下面两条原则:

* 实体具有描述信息,而属性没有,即属性必须是不可分的数据项,不能再由另一些属性组成。
* 属性不能与其他实体有联系,联系只能发生在实体间。

例如学生是一个实体,学号、姓名、性别、系别是学生实体的属性。在这里系别只表示学生属于哪个系,不涉及系的具体情况,也就是没有需要进一步描述的特性,所以作为属性。如果考虑系主任等信息,则系应当看作一个实体。

③ 确定实体之间的联系:确定数据之间的联系仍以需求分析的结果为依据。在局部 E-R 模型建立以后应对照每个应用进行检查,确保模型能够满足数据流图对数据处理的需求。

(2) 设计全局概念模型

在各局部 E-R 图设计完成后需要集成各局部 E-R 图形成一个全局的 E-R 图,集成的方式有下面两种。

① 多元集成法:一次性将多个局部 E-R 图合并为一个全局 E-R 图。

② 二元集成法:即逐步集成,首先将两个重要的 E-R 图进行集成,以后每次将一个新的局部 E-R 图集成进来,直到所有的局部 E-R 图集成完毕。采用这种方法可降低难度。

不管采用哪种方式都要注意合成不是简单的合并,而必须消除各局部 E-R 图中的不一致,使合并后的全局概念模型本身是一个合理、完整、一致的模型。

3. 逻辑结构设计

在概念结构设计阶段得到的 E-R 模型是独立于任何一种数据模型的,独立于任何一个具体的数据库管理系统。为了建立用户需要的数据库,必须将概念模型转换为具体数据库管理系统所支持的数据模型,并对其进行优化,这就是逻辑结构设计阶段所要完成的。

1) 转换原则

将 E-R 模型转换为关系数据库所支持的数据模型,即将实体、属性和联系转换为一组关系模式的集合,在转换过程中要遵循以下原则:

(1) 一个实体转换成一个关系模式,实体的属性就是关系的属性,实体的键就是关系的键。

(2) 一个 1∶1 联系可以单独转换为一个关系模式,并在该关系模式中放入两端实体的键;也可以将联系的属性与任意一个实体所对应的关系模式合并,并且在联系属性所放置的实体中纳入另一个实体的键。

(3) 一个 1∶N 联系可以单独转换为一个关系模式,并在该关系模式中放入两端实体的键;也可以将联系的属性与 N 端实体所对应的关系模式合并,并且在合并后的关系模式中纳入另一个实体的键。

(4) 一个 M∶N 联系必须单独转换为一个关系模式,并在该关系模式中放入两端实体的键,两个键的组合作为该关系模式的键。

2) 关系模式的规范化

一个好的关系模式应该具备的条件是:尽可能少的数据冗余;没有插入异常、删除异常和更新异常。将复杂的、存在异常的关系模式分解成简单的、不存在异常的关系模式的过程就是关系的规范化过程。

(1) 函数依赖

函数依赖是关系模式中属性间的一种逻辑依赖关系。例如在学生关系模式中一旦学号的值确定,姓名、性别等属性的值也唯一确定,这种关系就是一种函数依赖关系。

① 函数依赖的定义:设 R(U) 是属性集 U 上的关系模式,X , Y⊆U,r 是 R(U) 上的任意一个关系,对 ∀t , s∈r,若 t[X] = s[X],则 t[Y] = s[Y],那么称“X 决定函数 Y”或“Y 函数依赖于 X”,记作 X→Y,称 X 为决定因素。

② 完全函数依赖和部分函数依赖:设 R(U) 是属性集 U 上的关系模式,X , Y⊆U,如果 X→Y,并且对 X 的任何一个真子集 X'不存在 X'→Y,则称 Y 对 X 是完全函数依赖,如果存在 X'→Y,则称 Y 对 X 是部分函数依赖。

③ 传递函数依赖:设 R(U) 是属性集 U 上的关系模式,X , Y,Z⊆U,如果 X→Y,并且 Y→Z,则称 Z 传递依赖于 X。

(2) 范式

在关系数据库的规范化过程中为不同程度的规范化设立了不同的标准,这个标准称为范式。范式主要有第一范式(1NF)、第二范式(2NF)、第三范式(3NF)、BCNF 范式(BCNF)、第四范式(4NF)、第五范式(5NF),本书只讨论前 3 种范式。

① 第一范式:如果关系模式 R 的所有属性都是不可再分的,则 R 属于第一范式,简称 1NF,记作 R∈1NF。

② 第二范式:如果关系模式 R∈1NF,并且每个非主属性都完全函数依赖于主属性,则称 R 属于第二范式,简称 2NF,记作 R∈2NF。

③ 第三范式:如果关系模式 R∈2NF,并且每个非主属性都不传递函数依赖于主属性,

则称 R 属于第三范式,简称 3NF,记作 R∈3NF。

（3）关系模式的规范化过程

关系模式的规范化过程就是对关系模式分解的过程。分解要遵循下面的原则：分解必须是无损的；分解后要保持函数依赖。具体的规范化过程可以分为以下几步：

① 将满足 1NF 的关系消除非主属性对主属性的部分函数依赖变成 2NF。

② 将满足 2NF 的关系消除非主属性对主属性的传递函数依赖变成 3NF。

如果需要更高范式可以继续向下分解。规范化过程如图 1-5 所示。

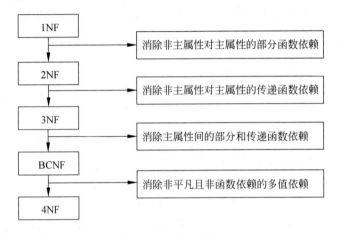

图 1-5　规范化过程

4. 数据库物理设计

数据库物理设计是为逻辑数据模型选取一个最适合应用环境的物理结构的过程。该阶段的任务是选定数据库在物理设备上的存储结构和存取方法,即确定文件的结构、存取的路径、存储空间的大小分配、记录的存储格式等。通过使用 DBMS 提供的相应 DDL 语句及命令来完成数据库的物理结构的设计。

5. 数据库的实施

数据库的实施是指根据逻辑设计和物理设计的结果在计算机上建立实际的数据库及载入数据,编写程序编码及调试以及数据库的试运行和文档的整理等过程。

6. 数据库的运行和维护

在数据库试运行结束后数据库就进入了正式使用阶段,也就进入了运行和维护阶段。该阶段的主要任务是维护数据库的安全性和完整性；检测和改善数据库的性能；重新组织和构造数据库。

任务 1　学生管理系统的需求分析

■ 任务分析

需求分析是数据库设计的基础,是系统分析员深入到企业对现有系统或手工管理进行充分深入调查研究的过程。在需求分析阶段需要完成系统的基础数据的收集、系统用户群的确定、各类用户需求的明确,最后得到新系统的功能。

本任务对学生管理系统的数据进行详细的调查研究,收集了学生管理系统的基础数据、用户需求,并完成系统功能结构图的绘制。

◆ **任务实施**

【步骤 1】明确用户和用户需求。

学生管理系统的主要用户有学生、教师和系统管理员,这 3 类人员的具体需求如下。

① 学生需求:学生是学生管理系统的主体,主要需求有学籍信息的查询、课程的查询、成绩的查询。

② 教师需求:教师的主要需求有查看学生的学籍信息、查看学生的选课信息、学生选课信息的打印以及学生成绩的录入、修改和打印等。

③ 系统管理员:系统管理员在学生管理系统中承担后台的管理和维护工作,主要需求有学生信息的添加、修改和删除,教师信息的添加、修改和删除,课程信息的添加、修改和删除,用户的添加、修改和删除等,同时要做好学生管理系统数据库的导入与导出、数据备份和恢复等。

【步骤 2】得出系统的基础数据。

通过对学生管理系统用户需求的分析可以得出系统涉及大量的基础数据,主要包括以下数据实体及数据项。

① 用户信息:用户信息主要用来存储教师、学生和系统管理员登录系统的账号信息,主要包括用户名、密码和用户类型等信息,其中用户名必须是唯一的,不能重复,且密码不能为空,而用户的类型决定了该用户具有的使用权限。

② 系部信息:系部信息主要包括系部编号、系部名称和系主任等信息,其中系部编号不能重复,系部名称不能为空值。

③ 班级信息:班级信息主要包括班级编号、班级名称、班导师和所在系等信息,其中班级编号不能重复,班级名称和班导师不能为空。

④ 学生信息:学生信息主要包括学生的学号、姓名、性别、出生日期、入学日期、联系电话、所在班级、家庭住址等信息,其中学号不能重复,姓名不能为空,性别只能是男或女。

⑤ 课程信息:课程信息主要包括课程编号、课程名称、学分、课程类型等基本信息,其中课程编号不能重复,课程名称不能为空,学分数值控制在一定的范围之内。

⑥ 教师信息:教师信息主要包括教师编号、教师姓名、性别、入职日期、职称、基本工资和所在系,其中教师编号不能重复,姓名不能为空,性别只能是男或女。

⑦ 成绩信息:成绩信息用来存储学生选修的课程及成绩信息,主要包括学号、课程号和成绩。

以上各数据实体不是独立存在的,而是相互联系、相互制约的,以此来保证系统中存储数据的正确性、准确性和一致性。

【步骤 3】对学生管理系统进行功能分析。

学生管理系统功能分为系统管理、基本信息管理、成绩管理和课程管理四大功能。

① 系统管理:系统管理主要包括用户的管理和系统维护两个部分。用户管理主要完

成用户的添加、修改、删除；系统维护包括系统数据的备份、恢复、导入与导出。

② 基本信息管理：基本信息管理主要包括学籍信息管理、系部信息管理、班级信息管理、教师管理，而每一部分又包括该项基础数据的添加、修改、删除等。

③ 学生成绩管理：学生成绩管理是学生管理系统的一个重要组成部分，包括学生成绩的录入、修改、锁定和解锁、查询，成绩管理按权限分为 3 个部分，一部分是教务处管理人员实现对成绩的汇总统计、查询、锁定和审核，一部分是教师实现对成绩的录入、修改和查询，第 3 部分是学生实现对成绩的查询。

④ 课程管理：课程管理主要完成课程信息的录入、修改、删除和查询。

根据分析绘制出如图 1-6 所示的学生管理系统功能结构图。

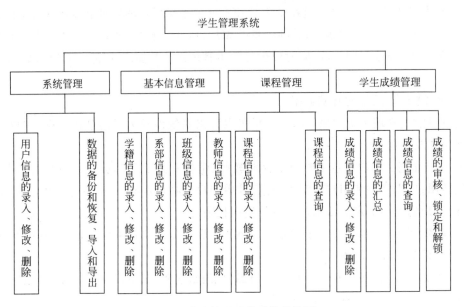

图 1-6　学生管理系统功能结构图

任务 2　学生管理数据库的概念结构设计

■ 任务分析

概念结构设计阶段的目标是通过对用户需求进行综合、归纳与抽象形成一个独立于具体 DBMS 的概念模型。它的设计过程是首先进行局部视图（局部 E-R 图）设计，然后进行视图集成得到概念模型（全局 E-R 图）。

本任务根据对学生管理系统需求分析阶段得到的数据进行分析确定出实体以及实体的属性，并确定实体之间的联系类型，最后绘制出学生管理系统的 E-R 图。

◆ 任务实施

【步骤 1】确定学生管理系统的实体。

通过需求分析得出学生管理系统涉及的实体主要有系部、班级、学生、教师、课程、用户。

【步骤 2】确定学生管理系统的实体属性。

① 系部实体属性：系部属性有系编号、系名称和系主任。

② 班级实体属性：班级属性有班级编号、班级名称、班导师、所在系。

③ 学生实体属性：学生属性有学号、姓名、性别、出生日期、入学日期、联系电话、所在班级、家庭住址。

④ 课程实体属性：课程实体属性有课程号、课程名称、学分、课程类型。

⑤ 教师实体属性：教师实体属性有教师编号、教师姓名、性别、入职日期、职称、基本工资和所在系。

⑥ 用户实体属性：用户属性有用户名、密码和用户类型。

【步骤 3】确定实体之间的联系。

根据实际需求得出各实体之间的联系如下：

① 一个班级属于一个系，一个系有多个班级（系部与班级之间是一对多联系）。

② 一个系部有多个教师，一个教师属于一个系部（系部与教师之间是一对多联系）。

③ 一个班级有多个学生，一个学生属于一个班级（班级与学生之间是一对多联系）。

④ 每个学生可以选修多门课程，每门课程可以有多个学生选修（学生与课程之间是多对多联系）。

⑤ 每个教师可以讲授多门课程，一门课程可以有多个教师讲授（教师与课程之间是多对多联系）。

【步骤 4】使用 Microsoft Visio 绘制局部 E-R 图。

① 绘制系部与班级的 E-R 图，如图 1-7 所示。

图 1-7　系部与班级的 E-R 图

② 绘制系部与教师的 E-R 图，如图 1-8 所示。

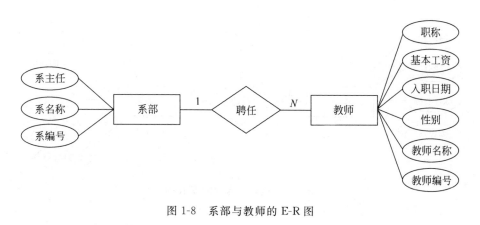

图 1-8　系部与教师的 E-R 图

学生管理系统数据库的设计

③ 绘制班级与学生的 E-R 图,如图 1-9 所示。

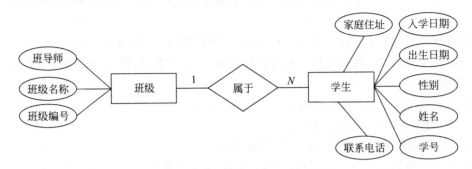

图 1-9   班级与学生的 E-R 图

④ 绘制学生与课程的 E-R 图,如图 1-10 所示。

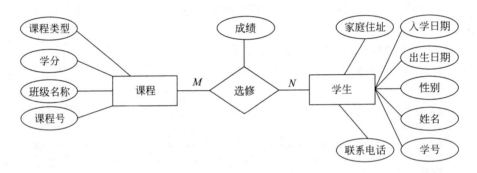

图 1-10   学生与课程的 E-R 图

⑤ 绘制教师与课程的 E-R 图,如图 1-11 所示。

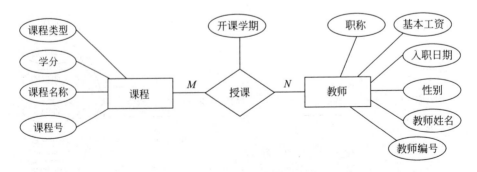

图 1-11   教师与课程的 E-R 图

【步骤5】使用 Microsoft Visio 绘制全局 E-R 图，如图 1-12 所示。

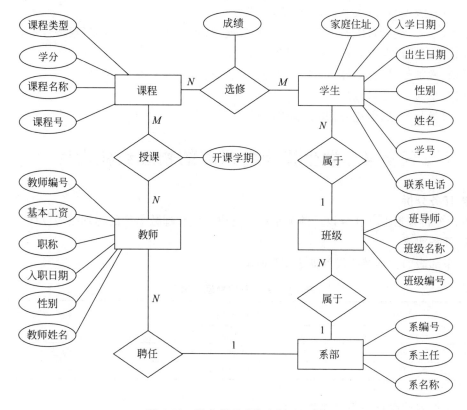

图 1-12　学生管理系统全局 E-R 图

任务3　学生管理数据库的逻辑结构设计

■ **任务分析**

本任务是将学生管理数据库概念设计阶段生成的 E-R 模型按规则转换为逻辑模型，再对导出的逻辑模型中的各关系进行规范化，并得到最终的关系模式。

◆ **任务实施**

【步骤1】将实体转换为关系模式。

系部（系编号，系名称，系主任）

班级（班级编号，班级名称，班导师，系编号）

学生（学号，姓名，性别，出生日期，入学日期，联系电话，家庭住址，班级编号）

课程（课程号，课程名称，学分，课程类型）

教师（教师编号，教师姓名，性别，入职日期，职称，基本工资，系编号）

【步骤2】将联系转换成关系模式。

选课（学号，课程号，成绩）

授课（教师编号，课程号，开课学期）

【步骤3】对关系模式进行规范化，得到最终的关系模式。

系部(<u>系编号</u>,系名称,系主任)

班级(<u>班级编号</u>,班级名称,班导师,系编号)

学生(<u>学号</u>,姓名,性别,出生日期,入学日期,联系电话,家庭住址,班级编号)

课程(<u>课程号</u>,课程名称,学分,课程类型)

教师(<u>教师编号</u>,教师姓名,性别,入职日期,职称,基本工资,系编号)

选课(<u>学号</u>,<u>课程号</u>,成绩)

授课(<u>教师编号</u>,<u>课程号</u>,开课学期)

任务 4　学生管理数据库的物理结构设计

■ 任务分析

本任务将根据上一任务设计的关系模式完成学生管理数据库的物理结构设计。

◆ 任务实施

① 系部表的物理结构设计如表 1-6 所示。

表 1-6　系部表的物理结构设计

字 段 名	数据类型	约　束
系编号	char(10)	主键
系名称	varchar(20)	非空
系主任	varchar(10)	

② 学生表的物理结构设计如表 1-7 所示。

表 1-7　学生表的物理结构设计

字 段 名	数据类型	约　束
学号	char(10)	主键
姓名	varchar(10)	
性别	char(2)	取值只能为"男"或"女"
出生日期	datetime	
入学日期	datetime	
联系电话	char(11)	
家庭住址	varchar(30)	
班级编号	char(10)	外键,与班级表的"班级编号"关联

③ 班级表的物理结构设计如表 1-8 所示。

表 1-8　班级表的物理结构设计

字 段 名	数据类型	约　束
班级编号	char(10)	主键
班级名称	varchar(20)	非空
班导师	varchar(10)	
系编号	char(10)	外键,与系部表的"系编号"关联

④ 教师表的物理结构设计如表 1-9 所示。

表 1-9　教师表的物理结构设计

字 段 名	数据类型	约　束
教师编号	char(10)	主键
教师姓名	varchar(10)	非空
性别	char(2)	取值只能为"男"或"女"
入职日期	datetime	
职称	varchar(10)	
基本工资	money	
系编号	char(10)	外键,与系部表的"系编号"关联

⑤ 课程表的物理结构设计如表 1-10 所示。

表 1-10　课程表的物理结构设计

字 段 名	数据类型	约　束
课程号	char(10)	主键
课程名称	varchar(20)	唯一键
学分	decimal(3,1)	取值范围在 1～10
课程类型	char(10)	

⑥ 选课表的物理结构设计如表 1-11 所示。

表 1-11　选课表的物理结构设计

字 段 名	数据类型	约　束
学号	char(10)	与"课程号"组合做主键 外键,与学生表的"学号"关联
课程号	char(10)	外键,与课程表的"课程号"关联
成绩	decimal(3,1)	取值范围在 0～100,默认值为 0

⑦ 授课表的物理结构设计如表 1-12 所示。

表 1-12　授课表的物理结构设计

字 段 名	数据类型	约　束
教师编号	char(10)	与"课程号"组合做主键 外键,与教师表的"教师编号"关联
课程号	varchar(10)	外键,与课程表的"课程号"关联
开课学期	int	

拓展实训　图书销售管理数据库的设计

一、实训目的

1. 掌握数据库设计与开发的基本步骤。

2. 掌握局部和全局 E-R 图的绘制。

3. 掌握 E-R 模型转换为关系模式的原则。

二、实训内容

1. 开发图书销售管理系统的意义。

2. 对图书销售管理系统进行需求分析。

(1) 基础数据的分析。

(2) 功能需求的分析,并绘制功能模块图。

3. 图书销售管理系统的概念结构设计(绘制局部和全局 E-R 图)。

4. 图书销售管理系统的逻辑结构设计(将 E-R 图转换成关系模式,并对关系模式规范化,使其都满足 3NF)。

5. 图书销售管理系统的物理结构设计(设计数据表)。

项 目 小 结

本项目详细介绍了数据库的基本概念、数据模型、关系型数据库以及数据库的设计过程。通过介绍学生管理系统的分析与设计过程讲解了数据库需求分析、概念设计、逻辑设计和物理设计过程。通过本项目的学习和训练,读者能对关系型数据库有一个初步的认识和了解,并学会数据库的设计过程。

思考与练习

一、填空题

1. 数据管理技术的发展大致经历了 3 个阶段,即人工管理阶段、_____和_____。

2. 数据模型的 3 个要素为_____、_____和_____。

3. 客观存在并且可以相互区别的事物称为_____。

4. 联系的 3 种类型是_____、_____和_____。

5. 数据模型分为 3 种类型,即_____、_____和_____。

6. 关系型数据库采用_____结构来描述实体以及实体间的联系。

7. 专门的关系运算有_____、_____和_____ 3 种。

8. E-R 模型的 3 个要素是_____、_____和_____。

9. 如果关系模式 $R \in 2NF$,且每个非主属性都不传递依赖于 R 的主属性,则称 R 属于_____范式。

10. 关系模式 w1(学号,姓名,年龄,所在系,课号,成绩,系主任)分解为 w11(_____)、w12(_____)、w13(_____)3 个关系,使分解后的 3 个关系模式都达到 3NF。

二、选择题

1. 在下列实体类型的联系中属于一对一联系的是(   )。

    A. 教研室对教师的所属关系   B. 父亲对孩子的亲生关系

    C. 省对省会的所属关系   D. 供应商与工程项目的供货关系

2．在数据库逻辑结构设计中将 E-R 图转换为关系模式应遵循相应原则。对于 3 个不同实体集和它们之间的一个多对多联系最少应转换为(　　)个关系模式。

　　A．2　　　　　　　　B．3　　　　　　　　C．4　　　　　　　　D．5

3．规范化理论是关系数据库进行逻辑设计的理论依据,根据这个理论关系数据库中的关系必须满足其每个属性是(　　)。

　　A．互不相关的　　　　B．不可分解的　　　　C．长度可变　　　　D．互相关联的

4．下列关于数据库中表的行和列的叙述正确的是(　　)。

　　A．表中的行是有序的,列是无序的　　　　B．表中的列是有序的,行是无序的

　　C．表中的行和列都是无序的　　　　　　　D．表中的行和列都是有序的

5．在关系数据库中元组的集合称为关系,能唯一标识元组的属性集的值称为(　　)。

　　A．关键字　　　　　B．字段　　　　　　C．索引　　　　　　D．属性

6．自然连接是构成新关系的有效方法,当对关系 R 和 S 自然连接时一般要求 R 和 S 含有一个或者多个共有的(　　)。

　　A．记录　　　　　　B．行　　　　　　　C．属性　　　　　　D．元组

7．下列 4 项中不属于数据库系统的特点的是(　　)。

　　A．数据共享　　　　B．数据完整性　　　C．数据冗余度高　　D．数据独立性高

8．从一个关系中取出满足某个条件的所有记录形成一个新的关系的操作是(　　)。

　　A．投影　　　　　　B．连接　　　　　　C．选择　　　　　　D．复制

9．在关系模型中一个码(　　)。

　　A．可以由多个任意属性组成

　　B．最多由一个属性组成

　　C．由一个或多个属性组成,其值能够唯一标识关系中的一个元组

　　D．以上都不是

10．现有关系医疗(患者编号,医生编号,医生姓名,诊断日期,诊断结果),其中医疗关系中的码是(　　)。

　　A．患者编号　　　　　　　　　　　　B．患者姓名

　　C．患者编号和患者姓名　　　　　　　D．医生编号和患者编号

三、综合题

设计一个商品信息管理数据库,其中每个业务员有工号、姓名,每种商品有商品编号、商品名称、价格、库存数量。每个业务员可以销售多种商品,每种商品可以由多个业务员销售,销售记录有商品编号、数量、销售日期、工号。每种商品可以由多个供应商供应,每个供应商有供应商编号、供应商名称、联系电话。每个供应商可以供应多种商品,每个供应记录有供应商编号、商品编号、数量、价格、供应日期。首先画出 E-R 图,再转换成关系模式。

学生管理系统数据库的设计

项目 2 | 学生管理系统数据库的创建与管理

项 目 情 境

现在学生管理系统数据库的模型已经建立出来了,而要完成学生管理系统的开发首先必须选择合适的数据库管理系统,安装数据库管理系统,完成数据库的创建,并对数据库进行管理。

学习重点与难点

> 了解常见的数据库管理系统
> 了解 SQL Server 2012 的各版本及要求的软/硬件环境
> 掌握 SQL Server 2012 的安装
> 掌握 SQL Server 2012 数据库的逻辑存储结构、物理存储结构以及系统数据库的作用
> 掌握数据库的创建及管理

学习目标

> 学会 SQL Server 2012 软件的安装
> 学会 SQL Server 2012 的启动
> 学会使用管理平台创建数据库
> 学会使用 SQL 语句创建数据库
> 学会数据库的查看、修改、分离、附加、删除、备份和还原

任 务 描 述

任务 1　SQL Server 2012 软件的安装
任务 2　使用管理平台创建学生管理系统数据库
任务 3　使用 SQL 语句创建学生管理系统数据库
任务 4　学生管理系统数据库的维护

相 关 知 识

知识要点

> 常见的数据库管理系统
> SQL Server 2012 概述

- ➢ SQL Server 2012 数据库的逻辑存储结构
- ➢ 物理存储结构以及 SQL Server 2012 的系统数据库
- ➢ 创建数据库的 SQL 语句格式

知识点 1 常见的数据库管理系统

1. Sybase

Sybase 数据库是 1987 年由 Mark B. Hiffman 和 Robert Epstern 创建的 Sybase 公司推出的一款数据库产品。它有 3 个版本,一是在 UNIX 操作系统下运行的版本;二是在 Novell NetWare 环境下运行的版本;三是在 Windows NT 环境下运行的版本。它的特点主要如下:

① 基于客户/服务器体系结构的数据库。

② 真正开放的数据库。

③ 高性能的数据库。

2. DB2

DB2 是美国 IBM 公司开发的一套关系型数据库管理系统,运行环境主要有 UNIX、Linux 以及 Windows 服务器版本,主要在大型系统中应用,具有较好的可伸缩性,并提供了高层次的数据可用性、完整性、安全性、可恢复性,以及从小规模到大规模应用程序的执行能力。

3. Oracle

Oracle 数据库是甲骨文公司的一款关系型数据库管理系统。它在数据库领域一直处于领先地位,具有可移植性好、使用方便、功能强的特点,所以适用于各类大、中、小环境。它是一种高效率、可靠性好、适应高吞吐量的数据库解决方案。

4. MySQL

MySQL 是一种开放源代码的关系型数据库管理系统,任何人都可以在 General Public License 的许可下下载并根据个性化的需要对其进行修改。MySQL 受到关注主要是因为其速度、可靠性和适应性。

5. SQL Server

SQL Server 数据库是 Microsoft 公司开发的关系型数据库管理系统。它是一个全面的数据库平台,使用集成的商业的智能工具提供了企业级的数据管理。它的数据库引擎为关系型数据和结构化数据提供了更安全、可靠的存储功能,用户可以构建和管理用于业务的高可用和高性能的数据应用程序。SQL Server 是真正的客户机/服务器体系结构,并使用图形化的用户界面,使得数据库的管理更直观和简单。

6. Access

Microsoft Office Access 是 Microsoft 公司的关系型数据库管理系统,该系统将数据库的引擎和图形界面、软件开发工具结合在一起。软件开发人员可以使用它开发应用软件。Access 支持面向对象的编程语言,所以它在很多地方得到了广泛的使用,例如小型企业、大公司的部门等。

7. Visual FoxPro

Visual FoxPro 简称 VFP,是 Microsoft 公司的数据库开发软件,它源于美国 Fox

Software 公司推出的数据库产品 FoxBase,之后 Fox Software 公司被收购,加以发展,使其可以在 Windows 上运行,并且更名为 Visual FoxPro。Visual FoxPro 6.0 是它的经典版,在学校教学和教育部考证中一直延用。Visual FoxPro 6.0 不仅提供了更多、更好的设计器、向导、生成器及新类,并且使得客户/服务器结构数据库应用程序的设计更加方便、简捷。

知识点 2　SQL Server 2012 概述

1. SQL Server 2012 的新功能

SQL Server 2012 是新一代的数据平台产品,它延续了现有数据平台的强大功能,全面支持云技术,并且能够快速构建相应的解决方案,实现私有云与公有云之间数据的扩展与应用的迁移。

① 通过 AlwaysOn 实现需要达到的各种高可用级别。

② 通过列存储索引技术实现超快速的查询。

③ 通过 PowerView 以及 PowerPivot 实现快速的数据发现。

④ 通过商业智能语义层模型和数据质量服务确保数据的可靠性和一致性。

⑤ 能够在单机设备、数据中心以及云之间根据需要自由扩展。

⑥ 通过 SQL Server Data Tools 使应用程序只经一次编写即可在任何环境下运行。

2. SQL Server 2012 的版本

SQL Server 2012 是一个产品系列,共有 6 个不同的版本,分别是企业版、商业智能版、标准版、Web 版、开发者版、精简版,每个版本具有不同的性能、功能和价格。

1) 企业版(Enterprise)

企业版是一个全面的数据管理和业务智能平台,提供了全面的高端数据中心功能,可为关键业务工作负荷提供较高访问级别,支持最终用户访问深层数据。

2) 商业智能版(Business Intelligence)

商业智能版提供了综合性的平台,可支持组织构建和部署安全、可扩展且易于管理的商业智能解决方案。它提供基于浏览器的数据浏览与可见性等卓越功能,具有数据集成功能及增强的集成管理。

3) 标准版(Standard)

标准版提供了基本的数据管理和商业智能平台,为部门级应用提供了最佳的易用性和可管理特性。

4) Web 版

Web 版针对运行于 Windows 服务器中的要求高可用、面向 Internet Web 服务的环境而设计。

5) 开发者版(Developer)

开发者版允许开发人员构建基于 SQL Server 的任意类型应用,但有许可限制,只能用于开发和测试。

6) 精简版(Express)

精简版是 SQL Server 的一个免费的入门级版本,可以用于学习、创建桌面应用和小型服务器应用的版本。

SQL Server 2012 的每一个版本都有 64 位和 32 位,用户要根据自己的操作系统的类型来进行选择。

3. SQL Server 2012 的服务器组件

SQL Server 2012 的组件主要有 SQL Server 数据库引擎、Analysis Services、Reporting Services、Integration Services 和 Master Data Services。

(1) SQL Server 数据库引擎包括数据库引擎(用于存储、处理和保护数据的核心服务)、复制、全文搜索、用于管理关系数据和 XML 数据的工具以及 Data Quality Services (DQS)服务器。它是 SQL Server 2012 的核心组件。

(2) Analysis Services(分析服务)包括用于创建和管理联机分析处理(OLAP)以及数据挖掘应用程序的工具。

(3) Reporting Services(报表服务)包括用于创建、管理和部署表格报表、矩阵报表、图形报表以及自由格式报表的服务器和客户端组件。

(4) Integration Services(集成服务)是用于生成企业级数据集成和数据转换解决方案的平台。它是一组图形工具和可编程对象,用于移动、复制和转换数据。

(5) Master Data Services(主数据服务)是针对主数据管理的 SQL Server 解决方案。

4. SQL Server 2012 的管理工具

SQL Server 2012 的管理工具主要有 SQL Server Management Studio、SQL Server 配置管理器、SQL Server Profiler、数据库引擎优化顾问、数据质量客户端、SQL Server 数据工具、连接组件。

(1) SQL Server Management Studio(SSMS)是用于访问、配置、管理和开发 SQL Server 组件的集成环境,它具有图形化的工具。

(2) SQL Server 配置管理器为 SQL Server 服务、服务器协议、客户端协议和客户端别名提供基本配置管理。

(3) SQL Server Profiler 是一个图形用户界面,用于监视数据库引擎实例或 Analysis Services 实例。

(4) 数据库引擎优化顾问可以协助用户创建索引、索引视图和分区的最佳组合。

(5) SQL Server 数据工具(SSDT)为数据库开发人员提供集成环境,以便在 Visual Studio 中为任何 SQL Server 执行其所有数据库设计工作。

(6) 连接组件是客户端和服务器之间通信的组件以及用于 DB-Library、ODBC 和 OLE DB 的网络库。

5. 安装 SQL Server 2012 的软/硬件要求

1) 硬件要求

硬件要求如表 2-1 所示。

表 2-1　硬件要求

类　型	要　　求
内存	最小值:Express 版本 512MB,其他所有版本 1GB 建议:Express 版本 1GB,其他所有版本至少 4GB

类　型	要　　求
处理器速度	速度最小值：x86 处理器 1.0GHz，x64 处理器 1.4GHz 建议：2.0GHz 或更快
处理器类型	x64 处理器：AMD Opteron、AMD Athlon 64、支持 Intel EM64T 的 Intel Xeon、支持 EM64T 的 Intel Pentium IV x86 处理器：Pentium Ⅲ 兼容处理器或更快
硬盘	至少 6GB 的可用硬盘空间，并随着安装 SQL Server 2012 组件的不同而变化
驱动器	从磁盘安装时需要
显示器	Super-VGA(800×600)或更高分辨率的显示器

2）软件要求

如果没有 Internet 访问，在安装 SQL Server 2012 前必须先安装.NET Framework 3.5 SP1。.NET 4.0 是 SQL Server 2012 所必需的。SQL Server 在功能的安装中安装.NET 4.0。如果要安装 SQL Server Express 版本，请确保 Internet 连接在计算机上可用。SQL Server 安装程序将下载并安装.NET Framework 4.0，因为 SQL Server Express 介质不包含该软件。SQL Server 2012 支持的操作系统具有内置的网络软件。独立安装的命名实例和默认实例支持共享内存、命名管道、TCP/IP 和 VIA。

注意：建议在使用 NTFS 文件格式的计算机上运行 SQL Server 2012，不要在使用 FAT32 文件系统的计算机上安装 SQL Server 2012，因为它没有 NTFS 文件系统安全。

知识点 3　SQL Server 2012 数据库的逻辑存储结构

逻辑存储结构是指数据库由哪些性质的信息所组成，SQL Server 的数据库不仅仅是数据的存储，所有与数据处理操作相关的信息都存储在数据库中。SQL Server 2012 数据库是由表、视图、存储过程等各种对象组成的，它们用来存储特定信息并完成特性功能，常用对象如表 2-2 所示。

表 2-2　SQL Server 2012 数据库对象

对　象	功 能 说 明
表	用来存储数据
视图	由表和视图导出，是虚拟的表，可以用于筛选数据和防止未经许可的用户访问敏感数据
索引	提供了在行中快速查询特定行的能力，是加快检索表中数据的对象
约束	为表定义完整性
默认值	当没有为列输入数据时的替代值
存储过程	为实现特定任务而将一些需要多次调用的固定 SQL 语句编写成程序段，并预先进行编译
触发器	特殊的存储过程，当用户表中的数据发生改变时触发器自动被执行
关系图表	关系图表其实就是数据库表之间的关系示意图，可以编辑表与表之间的关系

知识点 4　物理存储结构以及 SQL Server 2012 的系统数据库

1. 物理存储结构

数据库的物理存储结构是指数据库文件在磁盘中是如何存储的，SQL Server 的物理存储结构主要有文件、文件组等。数据库在磁盘上是以文件为单位存储的,由数据文件和事务日志文件组成,一个数据库至少应该包含一个数据文件和一个事务日志文件。

1) 数据文件

数据文件是用来存放数据库中的数据和数据库对象的文件,一个数据库可以有一个或多个数据文件,一个数据文件只能属于一个数据库。数据文件分为两种,即主数据文件和辅助数据文件。

主数据文件是数据库的关键文件,它用来存储数据库的启动信息和部分或者全部数据,每个数据库有且仅有一个主数据文件,其扩展名为.mdf。

辅助数据文件包含除主数据库文件以外的所有数据,一个数据库可以没有辅助数据文件,也可以有多个辅助数据文件,用户可根据具体情况自行定义,其扩展名为.ndf。

2) 事务日志文件

事务日志文件是由一系列日志记录组成的,日志文件中记录了存储数据库的更新情况等事务日志信息,用户对数据库进行的插入、删除和更新等操作也都会记录在日志文件中。当数据库发生损坏时可以根据日志文件来分析出错的原因,或者数据丢失时可以使用事务日志恢复数据库。每一个数据库至少拥有一个事务日志文件,也可以拥有多个日志文件。日志文件的扩展名为.ldf。

注意:SQL Server 2012 不强制使用.mdf、.ndf 或者.ldf 作为文件的扩展名,但建议使用这些扩展名帮助标识文件。

3) 文件组

文件组是为了管理和分配数据而将文件组织在一起,一般可以将一个磁盘驱动器创建一个文件组,然后将特定的表、存储过程等与该文件组相关联,这样可以提高表中数据的查询功能。SQL Server 2012 中的文件组分为下面两种类型。

① 主文件组:包含主数据文件和任何没有分配给其他文件组的文件。

② 用户自定义文件组:使用 filegroup 关键字指定的文件组,可以将未放在主文件组中的其他辅助数据文件放在该文件组中。

注意:一个文件只能属于一个文件组,日志文件不能包含在文件组中。

2. SQL Server 2012 的系统数据库

在 SQL Server 2012 服务器安装完成之后打开 SSMS 工具,在对象资源管理器中展开"数据库"下面的"系统数据库"结点,可以看到几个已经存在的数据库,如图 2-1 所示。

1) master 数据库

master 数据库是 SQL Server 2012 的主数据库,是整个数据库服务器的核心。该数据库中包含了所有用户的登录信息、用户所在的组、所有系统的配置选项、服务器中本地数据库的名称和信息、SQL Server 的初始化方式等。如果 master 数据库被损坏了,那么整个 SQL Server 服务器将不能工作,因此用户不能对该数据库做修改等操作。

2) model 数据库

model 数据库是 SQL Server 2012 中创建数据库的模板,所有新创建的数据库都是以 model 数据库中的数据为模板,因此在修改 model 数据库之前要考虑到任何对 model 数据库中数据的修改都将影响所有使用模板创建的数据库。

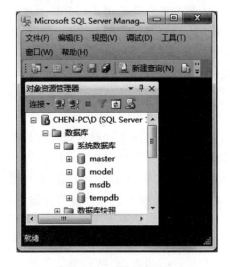

图 2-1　系统数据库

3）msdb 数据库

msdb 数据库由 SQL Server 代理来计划警报和作业以及与备份和恢复相关的信息，尤其是 SQL Server Agent 需要使用它来执行安排工作和警报、记录操作者等操作。

4）tempdb 数据库

tempdb 是 SQL Server 中的一个临时数据库，用于存放临时对象或中间结果，SQL Server 关闭后该数据库中的内容被清空，每次重新启动服务器后 tempdb 数据库将被重建。

知识点 5　创建数据库的 SQL 语法格式

1. 语法格式

```
CREATE DATABASE database_name
[ON{[primary]
    ( name = logical_file_name,
    filename = 'os_file_name',
    [,size = size]
    [,maxsize = {max_size|unlimted}]
    [,filegrowth = grow_increment])
  }[, … n]]
  [, <filegroup>[, … n] ]
[LOG ON
  {(  name = logical_file_name,
     filename = 'os_file_name'
     [,size = size]
     [,maxsize = {max_size| unlimted }]
     [,filegrowth = grow_increment])
}[, … n]]
```

2. 参数说明

- database_name：数据库的名称，在一个实例中名称必须唯一，必须遵循标识符的命名规则。

- primary：表示主文件组。
- name：逻辑文件名，是在 SQL Server 中引用文件时使用的名称，它必须是唯一的，必须符合标识符的命名规则。
- filename：物理文件名，是创建文件在硬盘上保存的名称，必须是完整路径。例如"D:\sql\m1.mdf"。
- size：文件初始大小，如果未指出，系统默认使用 model 数据库中主文件的大小。
- maxsize：文件可增加到的最大值，可以使用 KB、MB、GB 和 TB 做后缀，默认为 MB。max_size 是整数值，如果不指定 max_size，默认文件将不断增长直至磁盘被占满。unlimted 表示文件一直增长到磁盘充满。
- filegrowth：文件的自动增长。文件的 filegrowth 设置不能超过 maxsize 设置。该值可以 MB、KB、GB、TB 或百分比（%）为单位指定，默认为 MB。如果指定为百分比（%），则增量大小为发生增长时文件大小的指定百分比。当值为 0 时表明自动增长被设置为关闭，不允许增加空间。
- filegroup：指定文件组。文件组的名称在数据库中必须是唯一的，名称必须符合标识符的命名规则。
- LOG ON 后为日志文件的定义。

任务 1　SQL Server 2012 软件的安装

■ 任务分析

SQL Server 是由 Microsoft 公司开发和推广的关系型数据库管理系统。SQL Server 2012 是 Microsoft 公司在 2012 年 3 月推出的。作为新一代的数据平台产品，它不仅延续了现有数据平台的强大功能，全面支持云技术与平台，并且能够快速构建相应的解决方案，实现私有云与公有云之间数据的扩展与应用的迁移。

如果要使用 SQL Server 2012 数据库管理系统，首先要进行 SQL Server 2012 数据库管理软件的安装，本任务将详细讲解该软件的安装过程。

◆ 任务实施

1. SQL Server 2012 的安装

本书的安装版本为 Microsoft SQL Server 2012 Enterprise Evaluation，操作系统为 Windows 7 32 位。具体安装步骤如下：

【步骤 1】双击 SQL Server 2012 安装文件夹中的安装文件 setup.exe，进入 SQL Server 2012 的安装中心界面，如图 2-2 所示。

【步骤 2】单击左侧的"安装"选项，进入如图 2-3 所示的安装界面。

【步骤 3】单击右侧的"全新 SQL Server 独立安装或向现有安装添加功能"选项，进入安装程序支持规则界面，如图 2-4 所示。

【步骤 4】单击"确定"按钮，进入产品密钥界面，如图 2-5 所示。

【步骤 5】选中"指定可用版本"单选按钮，可用版本选择 Evaluation，单击"下一步"按钮进入许可条款界面，如图 2-6 所示。

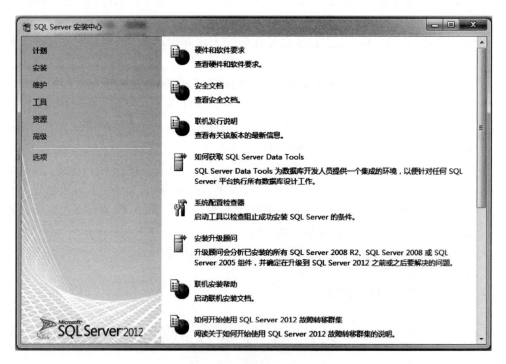

图 2-2　安装中心界面

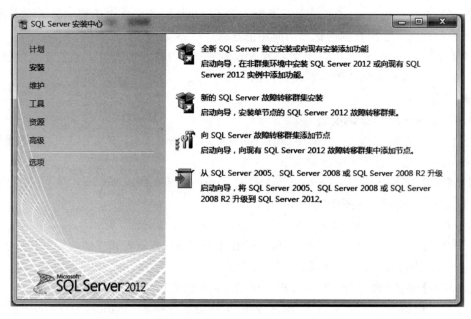

图 2-3　安装界面

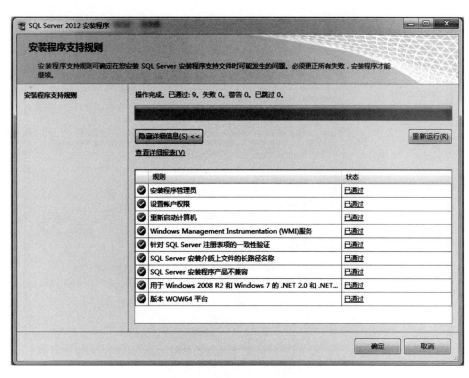

图 2-4　安装程序支持规则界面

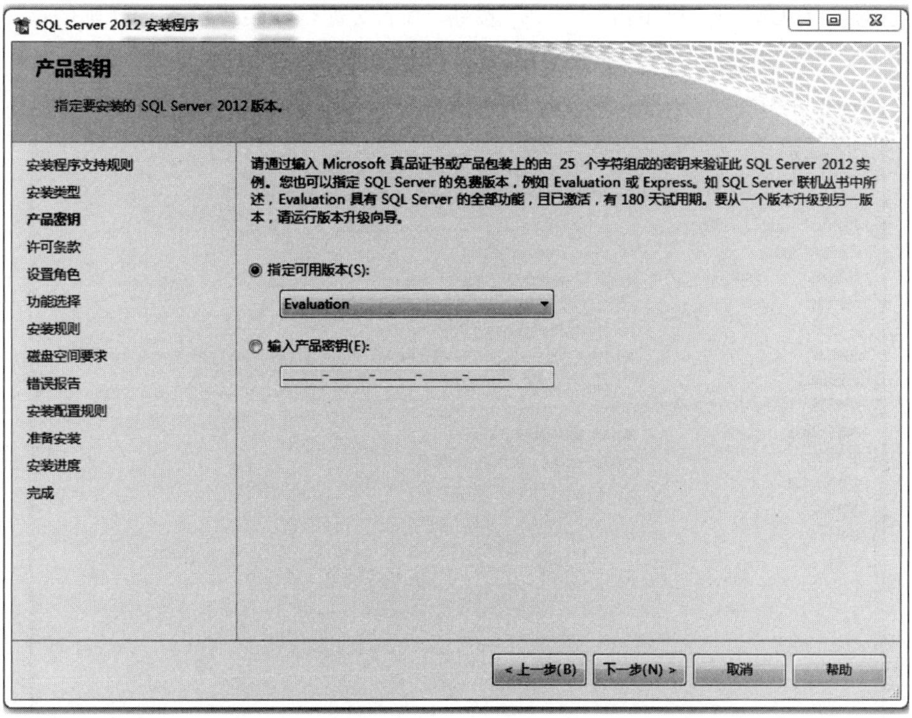

图 2-5　产品密钥界面

学生管理系统数据库的创建与管理

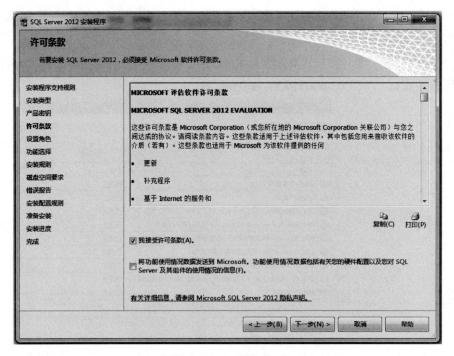

图 2-6　许可条款界面

【步骤 6】选中"我接受许可条款"复选框,单击"下一步"按钮打开产品更新界面,如果出现错误也对安装无影响。再单击"下一步"按钮,第二次进行安装程序支持规则的检测,检测完成后单击"下一步"按钮,进入设置角色界面,如图 2-7 所示。

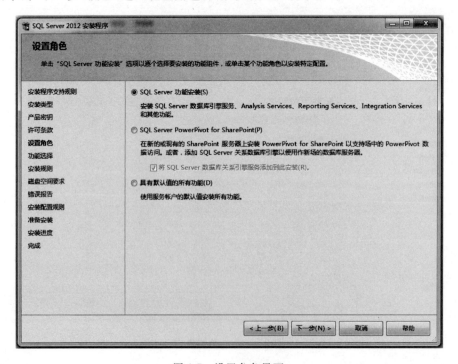

图 2-7　设置角色界面

【步骤 7】保持默认选中"SQL Server 功能安装"单选按钮,单击"下一步"按钮进入功能选择界面,如图 2-8 所示。

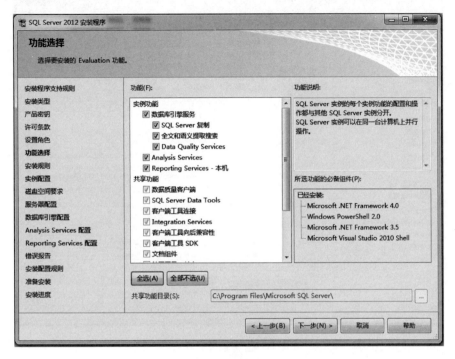

图 2-8　功能选择界面

【步骤 8】单击"全选"按钮,再单击"下一步"按钮进入安装规则界面,如图 2-9 所示。

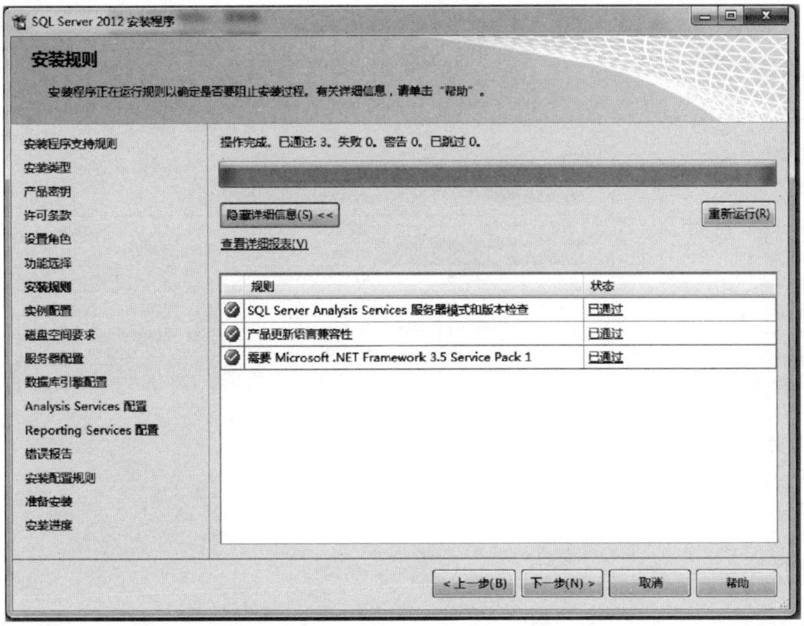

图 2-9　安装规则界面

项目
2

学生管理系统数据库的创建与管理

【步骤 9】单击"下一步"按钮进入实例配置界面,如图 2-10 所示。

图 2-10　实例配置界面

【步骤 10】选中"默认实例"单选按钮,单击"下一步"按钮进入磁盘空间要求界面,在该界面中单击"下一步"按钮进入服务器配置界面,如图 2-11 所示。

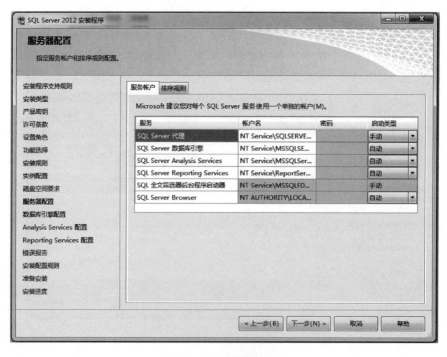

图 2-11　服务器配置界面

注意：选择"默认实例"选项，将用计算机名作实例名。

【步骤11】在服务器配置界面中采用默认值，单击"下一步"按钮打开数据库引擎配置界面，单击"添加当前用户"按钮将当前用户添加为 SQL Server 管理员，如图 2-12 所示。

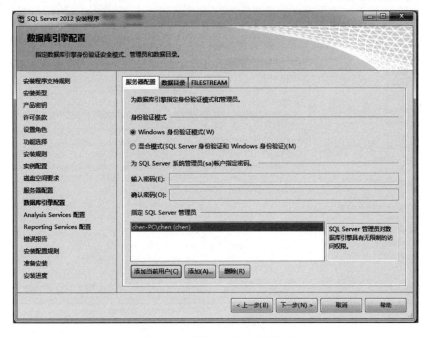

图 2-12　数据库引擎配置界面

【步骤12】单击"下一步"按钮进入 Analysis Services 配置界面，单击"添加当前用户"按钮，将当前用户设置为具有对 Analysis Services 的管理权限，如图 2-13 所示。

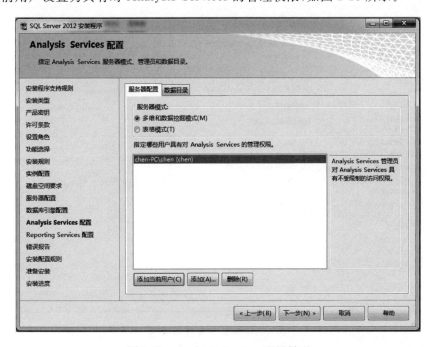

图 2-13　Analysis Services 配置界面

学生管理系统数据库的创建与管理

【步骤13】单击"下一步"按钮打开 Reporting Services 配置界面,选中本机模式下的"安装和配置"单选按钮,如图 2-14 所示。

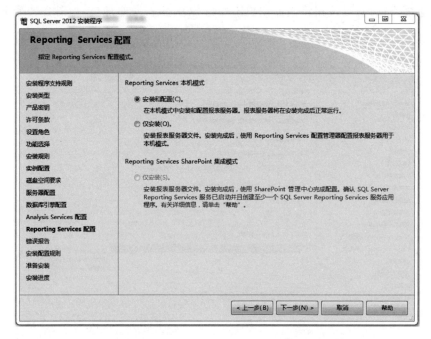

图 2-14　Reporting Services 配置界面

【步骤14】单击"下一步"按钮进入错误报告界面,继续单击"下一步"按钮进入安装配置规则界面,安装程序再次对系统进行检测,如图 2-15 所示。

图 2-15　安装配置规则界面

【步骤 15】单击"下一步"按钮进入准备安装界面,如图 2-16 所示。单击"安装"按钮开始进行 SQL Server 2012 的安装,成功安装后单击"关闭"按钮完成 SQL Server 2012 的安装。

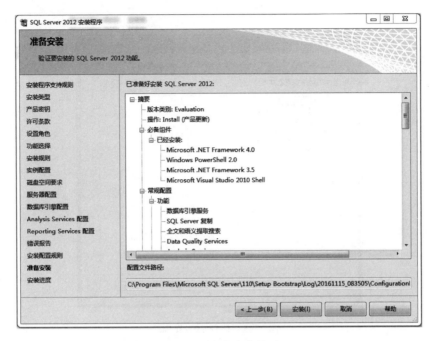

图 2-16　准备安装界面

2. SQL Server 2012 的 SSMS 的启动

SSMS 是指 SQL Server Management Studio,它是 SQL Server 提供的集成开发环境。它的启动步骤如下:

【步骤 1】在 Windows 7 环境中单击"开始"按钮,在弹出的菜单中选择"所有程序"→Microsoft SQL Server 2012→SQL Server Management Studio 命令,打开"连接到服务器"对话框,如图 2-17 所示。

图 2-17　"连接到服务器"对话框

学生管理系统数据库的创建与管理

【步骤 2】在"连接到服务器"对话框中将服务器类型设置为数据库引擎,然后单击"服务器名称"下拉列表,选择"浏览更多",打开"查找服务器"对话框,并选择"本地服务器"选项卡,选择本地计算机名,在"身份验证"下拉列表中选择"Windows 身份验证",如图 2-18所示。

图 2-18 选择后的界面

【步骤 3】单击"连接"按钮进入 SSMS 主界面,如图 2-19 所示。

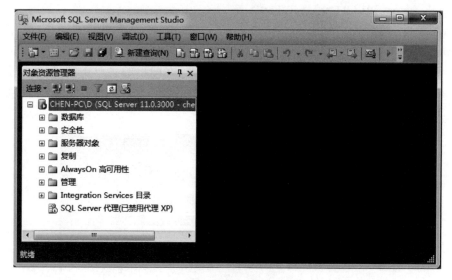

图 2-19 SSMS 主界面

3. SQL Server 服务的开启与停止

只有开启了 SQL Server 服务才能正常进入 SSMS 界面,开启方法为在 Windows 7 环境中单击"开始"按钮,在弹出的菜单中选择"所有程序"→Microsoft SQL Server 2012→配置工具→SQL Server 配置管理器,打开配置管理器界面,在左侧选择"SQL Server 服务",在右侧选择 SQL Server 选项,然后右击,在弹出的快捷菜单中选择启动、停止、暂停命令对服务进行启动、停止、暂停,如图 2-20 所示。

图 2-20　配置管理器界面

任务 2　使用管理平台创建学生管理系统数据库

■ 任务分析

在软件安装完成之后就可以实现学生管理数据库的创建了。学生管理数据库的创建方法有两种:一种是使用管理平台创建;另一种是使用 SQL 语句创建。

本任务是使用管理平台来创建学生管理数据库,数据库名为 studentmanager,数据库中含有两个数据文件,逻辑文件名分别为 studentmanager_data1 和 studentmanager_data2,studentmanager_data1 文件的初始大小为 6MB,最大值为 100MB,文件增长方式为每次增长 10%,studentmanager_data2 文件的初始大小为 7MB,文件增长不受限制,并放在 g1 文件组中,日志文件名为 studengmanager_log,其他项使用默认值。所有文件都保存在 D 盘的 sql server 文件夹中。

◆ 任务实施

【步骤 1】启动 SSMS,在左侧的对象资源管理器中右击"数据库"选项,在弹出的快捷菜单中选择"新建数据库"命令,如图 2-21 所示。

【步骤 2】单击"新建数据库"命令,打开"新建数据库"窗口,在"常规"选择页的"数据库名称"文本框中输入 studentmanager、在"逻辑名称"下方输入 studentmanager_data1,在"初始大小"处输入 6,将路径设置为"D:\sql server",如图 2-22 所示;单击自动增长后面的按钮,打开图 2-23 所示的对话框,在该对话框中选中"按百分比"单选按钮,将后面的数字修改为 10,然后选中"限制为(MB)(L)"单选按钮,将后面的数字修改为 100,单击"确定"按钮。

学生管理系统数据库的创建与管理

图 2-21　对象资源管理器

图 2-22　"新建数据库"窗口的"常规"选择页

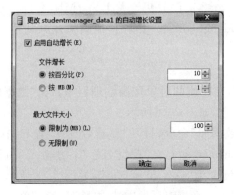

图 2-23　更改自动增长设置的对话框

【步骤 3】在"新建数据库"窗口左侧的选择页中选择"文件组"选项,然后单击"添加"按钮,在"名称"下方输入 g1,如图 2-24 所示。

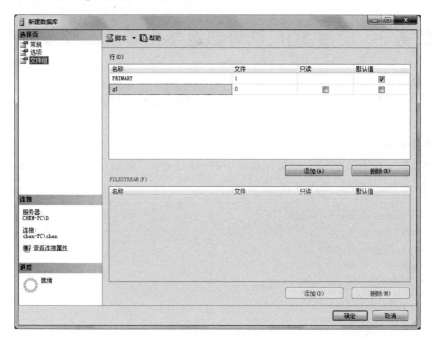

图 2-24　添加文件组

【步骤 4】返回"常规"选项页,单击"添加"按钮添加数据文件,将逻辑名称输入为 studentmanager_data2,初始大小设置为 7,文件组选择 g1,并将路径改为"D:\sql server",再将日志文件的逻辑名称改为 studengmanager_log、路径改为"D:\sql server",如图 2-25 所示。

图 2-25　设置文件组

项目 2

学生管理系统数据库的创建与管理

【步骤 5】单击"确定"按钮完成数据库的创建,创建成功后在对象资源管理器中会看到所创建的数据库。

任务 3   使用 SQL 语句创建学生管理系统数据库

■ **任务分析**

本任务是使用 SQL 语句创建上述学生管理系统数据库,并将语句以"creatdata"命名保存在"D:\sql server"文件夹中。

◆ **任务实施**

【步骤 1】在 SSMS 平台上单击工具栏中的"新建查询"按钮打开新建查询窗口,在该窗口中输入以下 SQL 语句,如图 2-26 所示。

```
CREATE DATABASE studentmanager
ON primary
    (name = studentmanager_data1,
     filename = 'D:\sql server\studentmanager_data1.mdf',
     size = 6,
     maxsize = 100,
     filegrowth = 10 % ),
filegroup g1
    (name = studentmanager_data2,
     filename = 'D:\sql server\studentmanager_data2.ndf',
     size = 7,
     maxsize = unlimited
     )
LOG ON
    (name = studentmanager_log,
     filename = 'D:\sql server\studengmanager_log.ldf')
```

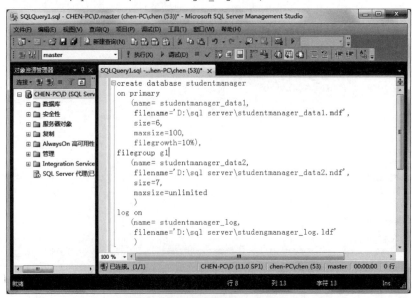

图 2-26   创建 studentmanager 数据库的 SQL 语句

【步骤 2】单击工具栏中的 ✓ 按钮执行语法检查,语法检查通过之后单击"执行"按钮执行 SQL 语句,完成数据库的创建,并单击工具栏中的 📙 按钮打开"另存文件为"对话框,输入 "creatdata",保存类型选择"SQL 文件(＊.sql)",如图 2-27 所示,单击"保存"按钮完成语句保存。

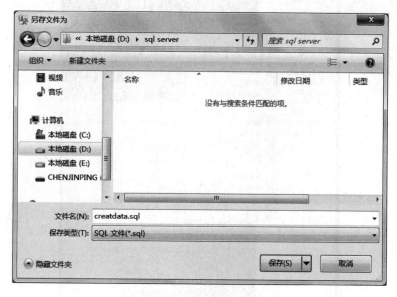

图 2-27 保存 SQL 语句

任务 4 学生管理系统数据库的维护

■ 任务分析

本任务将实现学生管理系统数据库的查看、修改、分离、附加、删除、备份和还原。

◆ 任务实施

1. 学生管理系统数据库 studentmanager 的查看

在 SSMS 平台的对象资源管理器中右击 studentmanager 数据库,在弹出的快捷菜单中选择"属性"命令,打开属性窗口,可以进行数据库文件、文件组等的查看。

2. 学生管理系统数据库 studentmanager 的修改

【步骤 1】在 SSMS 平台的对象资源管理器中右击 studentmanager 数据库,在弹出的快捷菜单中选择"属性"命令,打开属性窗口,可以选择文件选项对数据文件和日志文件进行修改、添加和删除,也可以选择文件组选项对文件组进行添加、删除等操作。

【步骤 2】单击"确定"按钮,完成数据库的修改。

3. 学生管理系统数据库 studentmanager 的分离

【步骤 1】在 SSMS 平台的对象资源管理器中右击 studentmanager 数据库,在弹出的快捷菜单中选择"任务"→"分离"命令,如图 2-28 所示。

【步骤 2】单击"分离"命令,打开"分离数据库"窗口,如图 2-29 所示。

【步骤 3】单击"确定"按钮完成数据库的分离,分离后在 SSMS 的对象资源管理器中不再存在 studentmanager 数据库,如图 2-30 所示。

学生管理系统数据库的创建与管理

注意: 分离前必须保证数据库没有被使用。

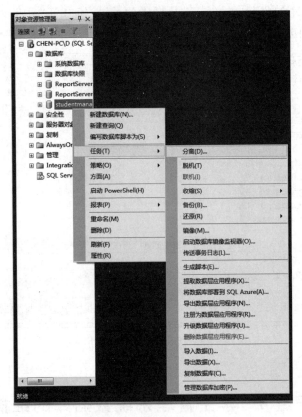

图 2-28 分离数据库命令

图 2-29 "分离数据库"窗口

图 2-30　分离后的对象资源管理器

4. 学生管理系统数据库 studentmanager 的附加

【步骤 1】在 SSMS 平台的对象资源管理器中右击数据库，打开图 2-31 所示的快捷菜单。

图 2-31　快捷菜单

【步骤 2】选择"附加"命令打开"附加数据库"窗口，如图 2-32 所示。

【步骤 3】单击"添加"按钮打开"定位数据库文件"窗口，找到 studentmanager 数据库的主数据文件 studentmanager_data1.mdf，如图 2-33 所示。

学生管理系统数据库的创建与管理

图 2-32　"附加数据库"窗口

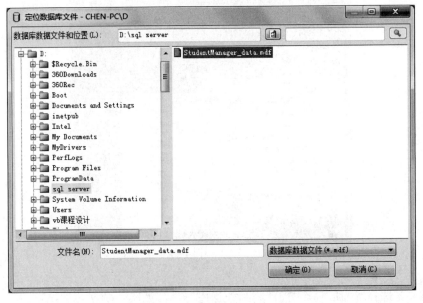

图 2-33　"定位数据库文件"窗口

【步骤 4】单击"确定"按钮返回到"附加数据库"窗口,再单击"确定"按钮完成 studentmanager 数据库的附加。

5. 学生管理系统数据库 studentmanager 的删除

1) 使用 SSMS 图形界面删除 studentmanager 数据库

【步骤 1】在 SSMS 平台中首先关闭所有使用 studentmanager 数据库的窗口。

【步骤 2】在对象资源管理器中右击 studentmanager 数据库,在弹出的快捷菜单中选择"删除"命令,打开"删除对象"窗口,如图 2-34 所示。

图 2-34 "删除对象"窗口

【步骤 3】单击"确定"按钮完成数据库的删除,删除数据库后所有的数据库文件都被删除。

2) 使用 SQL 语句删除 studentmanager 数据库

【步骤 1】在 SSMS 平台上单击工具栏中的"新建查询"按钮打开新建查询窗口,在该窗口中输入以下 SQL 语句,然后单击工具栏上的"执行"按钮完成数据库的删除,如图 2-35 所示。

```
Drop database studentmanager
```

【步骤 2】在对象资源管理器中右击数据库,在弹出的快捷菜单中选择"刷新"命令,刷新后如图 2-36 所示,studentmanager 已经不存在了。

注意:可以一次删除多个数据库,数据库之间用逗号分开。

学生管理系统数据库的创建与管理

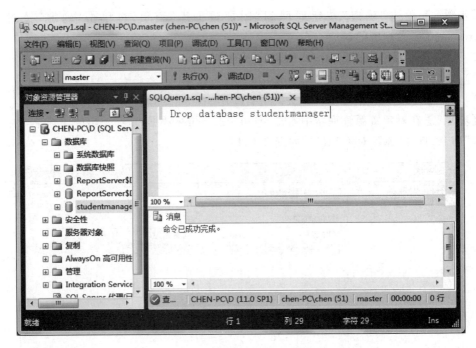

图 2-35　使用 SQL 语句删除数据库

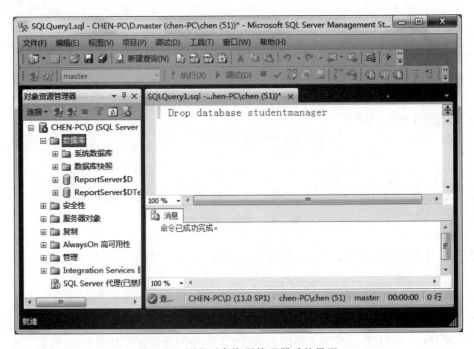

图 2-36　刷新对象资源管理器后的界面

6. 将学生管理系统数据库 studentmanager 备份到 D 盘的 sql server 文件夹中,备份后的名字为 sm. bak

【步骤 1】在 SSMS 平台的对象资源管理器中右击 studentmanager 数据库,在弹出的快捷菜单中选择"任务"→"备份"命令,如图 2-37 所示。

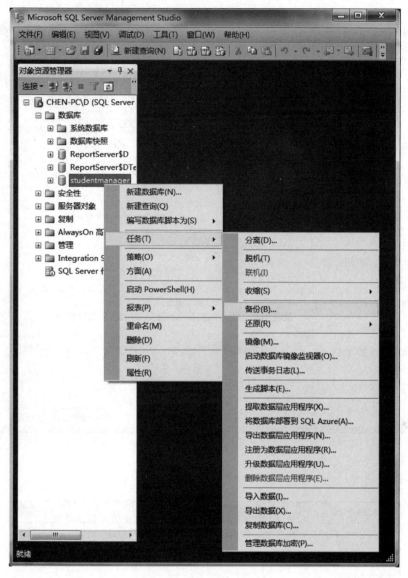

图 2-37　备份数据库命令

　　【步骤 2】单击"备份"命令打开"备份数据库"窗口,如图 2-38 所示。

　　【步骤 3】在"备份数据库"窗口中单击"删除"按钮,将原有的备份路径删除,再单击"添加"按钮,打开"选择备份目标"对话框,如图 2-39 所示。

　　【步骤 4】单击文件名后的按钮,打开"定位数据库文件"窗口,并在"文件名"文本框中输入 sm,如图 2-40 所示。

　　【步骤 5】单击"确定"按钮回到"选择备份目标"对话框,在该对话框中单击"确定"按钮回到"备份数据库"窗口,在该窗口中单击"确定"按钮完成数据库的备份,如图 2-41所示。

学生管理系统数据库的创建与管理

图 2-38 "备份数据库"窗口

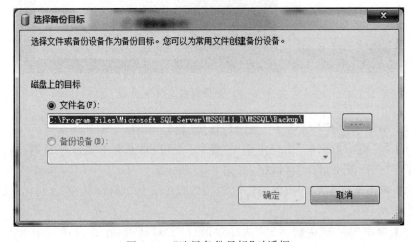

图 2-39 "选择备份目标"对话框

图 2-40 "定位数据库文件"窗口

图 2-41 完成备份

7. 对学生管理系统数据库 studentmanager 进行还原

【步骤1】在 SSMS 对象资源管理器中右击数据库,在弹出的快捷菜单中选择"还原数据库"命令,如图 2-42 所示。

【步骤2】单击"还原数据库"命令,打开"还原数据库"窗口,如图 2-43 所示。

【步骤3】选中"设备"单选按钮,单击右侧的选择框打开"选择备份设备"窗口,如图 2-44 所示。

【步骤4】单击"添加"按钮打开"定位备份文件"窗口,选中 D 盘 sql server 文件夹中的 sm.bak 文件,单击"确定"按钮回到"选择备份设备"窗口,再单击"确定"按钮回到"备份数据库"窗口,然后单击"确定"按钮完成 studentmanager 数据库的还原,如图 2-45 所示。

注意:还原操作必须在原有数据库被删除的情况下进行。

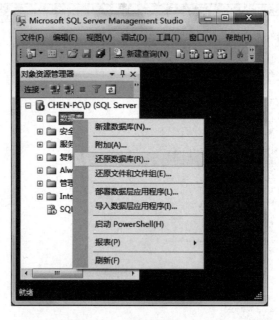

图 2-42 还原数据库命令

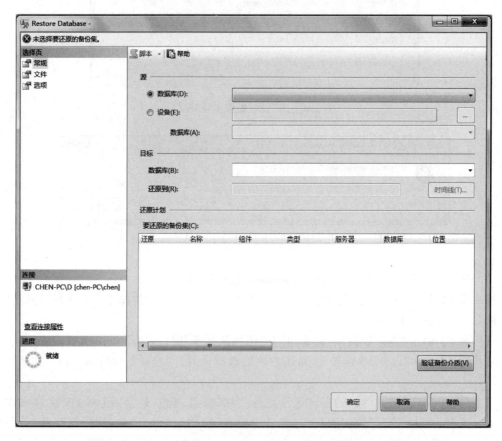

图 2-43 "还原数据库"窗口

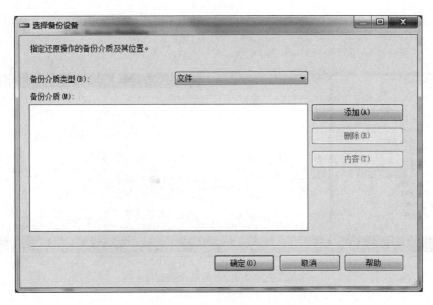

图 2-44　"选择备份设备"窗口

图 2-45　成功还原了数据库

8. 使用 SQL 语句备份和还原学生管理系统数据库 studentmanager

（1）将学生管理系统数据库 studentmanager 备份到 D:\sql server 文件夹，备份后名字为 smsql. bak。

【步骤 1】在 SSMS 平台中，单击工具栏中的 新建查询(N) 按钮，打开新建查询窗口，在该窗口中输入如下的 SQL 语句，单击工具栏中的 ✓ 图标，执行语法检查，语法检查通过之后，单击 ! 执行(X) 图标，执行 SQL 语句，如图 2-46 所示。

backup database studentmanager to disk = 'd:\sql server\smsql.bak'

【步骤 2】单击工具栏中的 🖫 按钮，打开保存文件窗口，输入"backupstu"，保存语句。

（2）使用 SQL 语句还原数据库 studentmanager。

【步骤 1】在 SSMS 平台中，单击工具栏中的 新建查询(N) 按钮，打开新建查询窗口，在该窗口中输入如下的 SQL 语句，单击工具栏中的 ✓ 图标，执行语法检查，语法检查通过之后，单击 ! 执行(X) 图标，执行 SQL 语句，如图 2-47 所示。

restore database studentmanager from disk = 'd:\sql server\smsql.bak'

【步骤 2】单击工具栏中的 🖫 按钮，打开保存文件窗口，输入"restorestu"，保存语句。

学生管理系统数据库的创建与管理

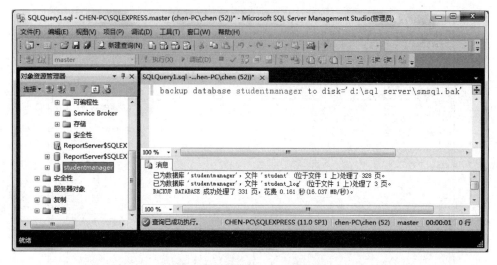

图 2-46　SQL 语句备份数据库

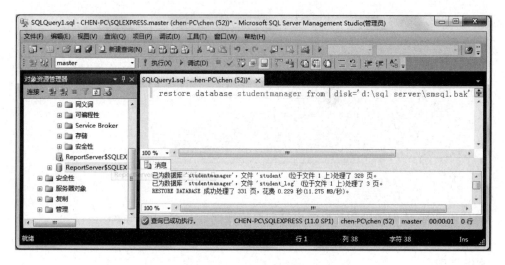

图 2-47　SQL 语句还原数据库

拓展实训　图书销售管理数据库的创建

一、实训目的

1. 学会 SQL Server 2012 软件的安装。

2. 学会 SQL Server 2012 的启动。

3. 学会使用管理平台创建数据库。

4. 学会使用 SQL 语句创建数据库。

5. 学会数据库的查看、修改、分离、附加、删除、备份和还原。

二、实训内容

1. 在自己的计算机上完成 SQL Server 2012 软件的安装。

2. 使用管理平台创建图书销售管理数据库。

任务描述：数据库名为 bookdb,数据库中含有两个数据文件,逻辑文件名分别为 book_data1 和 book_data2,book_data1 文件的初始大小为 5MB,最大值为 200MB,文件增长方式为每次增长 2MB,book _data2 文件的初始大小为 6MB,文件增长不受限制,并放在 g1 文件组中,日志文件名为 book_log,其他项使用默认值。所有文件都保存在 D 盘的 sql server 文件夹中。

3. 使用 SQL 语句创建图书销售管理数据库。

使用 SQL 语句完成上述数据库的创建。

4. 图书销售管理数据库的维护。

(1) 图书销售管理数据库的查看。

(2) 图书销售管理数据库的修改。

(3) 图书销售管理数据库的分离。

(4) 图书销售管理数据库的附加。

(5) 图书销售管理数据库的删除。

(6) 图书销售管理数据库的备份。

(7) 图书销售管理数据库的还原。

项 目 小 结

本项目详细介绍了常见的数据库管理系统、SQL Server 2012 的新功能、组件、管理工具、安装的软/硬件要求以及它的存储结构;讲解了 SQL Server 2012 的安装过程,并以学生管理系统为例讲解了使用管理平台和 SQL 语句两种方法创建数据库的过程;最后介绍了数据库的分离、附加、修改、删除、备份和还原等维护方法。通过本项目的学习和训练,读者可以基本掌握数据库的创建与管理过程,并了解数据库中数据文件和日志文件的关系,以及如何配置这些文件,并能根据实际情况选择合适的数据库配置参数。

思考与练习

一、填空题

1. 数据库在磁盘上是以文件为单位存储的,由_____和_____组成,一个数据库至少应该包含一个_____和一个_____。

2. _____数据库是 SQL Server 2012 的主数据库,是整个数据库服务器的核心。该数据库中包含了所有用户的登录信息、用户所在的组、所有系统的配置选项、服务器中本地数据库的名称和信息、SQL Server 的初始化方式等。

3. _____数据库是 SQL Server 2012 中创建数据库的模板,所有新创建的数据库都以它为模板。

4. _____数据库由 SQL Server 代理来计划警报和作业以及与备份和恢复相关的信息,尤其是 SQL Server Agent 需要使用它来执行安排工作和警报、记录操作者等操作。

5. _____数据库是 SQL Server 中的一个临时数据库,用于存放临时对象或中间结果,SQL Server 关闭后该数据库中的内容被清空。

二、上机操作题

1. 练习启动、暂停和停止 SQL Server 2012 服务管理器的基本步骤。

2. 使用管理平台创建名为 TEST 的数据库,并设置数据库主文件名为 test_data、大小为 10MB;日志文件名为 text_log、大小为 2MB。

3. 创建一个名为 salarymanager 的数据库,该数据库的主文件逻辑名为 salarymanage_data、物理文件名为 salarymanage. mdf、初始大小为 3MB、增长方式为 15%;数据库的日志文件逻辑名为 salarymanage_log、物理文件名为 salarymanage. ldf、初始大小为 2MB、最大值为 30MB、增长速度为 2MB,所有文件都存储在 D 盘的 salary 文件夹中。

4. 分离 TEST 数据库。

5. 附加 TEST 数据库。

6. 使用 SQL 语句备份 salarymanger 数据库,备份文件名为 sm. bak。

7. 删除 salarymanger 数据库。

8. 使用 SQL 语句还原 salarymanger 数据库。

项目 3 　学生管理系统表的创建与管理

项 目 情 境

现在学生管理系统所需的 studentmanager 数据库已经创建完成,那么如何将系统所需的数据进行电子化统计呢? 接下来一项非常重要的任务就是将这些数据以合理的方式放到数据库中进行管理,而解决方法就是通过创建数据表对数据进行管理。

学习重点与难点

➢ 了解数据类型

➢ 了解标识符的命名规范

➢ 理解数据完整性

➢ 掌握使用管理平台创建表、修改表、删除表的方法

➢ 掌握使用 SQL 语句创建表、修改表、删除表的方法

学习目标

➢ 能使用管理平台创建、修改、删除表(结构)

➢ 能使用 SQL 语句创建、修改、删除表(结构)

➢ 能使用完整性约束加强数据的可靠性、正确性

任 务 描 述

任务 1　创建学生管理系统数据库中的表

任务 2　修改学生管理系统中的表

任务 3　删除学生管理系统中的表

相 关 知 识

知识要点

➢ SQL Server 数据类型

➢ 标识符的命名规范

➢ 数据完整性和约束

知识点 1　SQL Server 数据类型

数据类型是以数据的表现形式和存储方式来划分数据的种类。SQL Server 的数据类型主要分为整型、浮点型、字符型、日期时间型、货币型、二进制型和特殊型,使用最频繁的是整型和字符型。常用数据类型的具体描述如表 3-1 所示。

表 3-1　数据类型

类别	数据类型	字节数	取值范围	描述
整型	bigint	8	$-2^{63} \sim 2^{63}-1$	存储非常大的整数
	int	4	$-2^{31} \sim 2^{31}-1$	存储整数
	smallint	2	$-2^{15} \sim 2^{15}-1$	存储整数
	tinyint	1	$0 \sim 255$	存储正整数
浮点型	float	4/8	$-1.79E+308 \sim 1.79E+308$	可以精确到 15 位小数
	real	4	$-3.4E+38 \sim 3.4E+38$	可以精确到 7 位小数
	decimal(p,s)	$5 \sim 17$	$-10^{38} \sim 10^{38}-1$	p 为精度,最大为 38 s 为小数位数,默认为 0
	numeric(p,s)	$5 \sim 17$	$-10^{38} \sim 10^{38}-1$	p 为精度,最大为 38 s 为小数位数,默认为 0
字符型	char(n)	$1 \sim 8000$	最多为 8000 个字符	固定长度的 ASCII 字符数据类型
	varchar(n)	$1 \sim 8000$	最多为 8000 个字符	可变长度的 ASCII 字符数据类型
	nchar(n)	$2 \sim 8000$	最多为 4000 个字符	固定长度的 Unicode 字符数据类型
	nvarchar(n)	$2 \sim 8000$	最多为 4000 个字符	可变长度的 Unicode 字符数据类型
	text	最大 2GB	最多为 2GB 个字符	可变长度的 ASCII 字符数据类型
	ntext	最大 2GB	最多为 1GB 个字符	可变长度的 Unicode 字符数据类型
日期时间型	datetime	8	1753/1/1 ～ 9999/12/31	存储大型日期时间,精度为 3.33 毫秒
	smalldatetime	4	1900/1/1 ～ 2079/6/6	小范围日期时间,精度为 1 分钟
货币型	money	8	$-922\ 337\ 203\ 685\ 477.5808$ $\sim 922\ 337\ 203\ 685\ 477.5807$	存储大型货币值
	smallmoney	4	$-214\ 748.3648 \sim 214\ 748.3647$	存储小型货币值
二进制型	binary	$1 \sim 8000$	$1 \sim 8000$	存储定长的二进制数据
	varbinary	$1 \sim 8000$	$1 \sim 8000$	存储可变长度的二进制数据
	image	最大 2GB	最大 2GB	通常用来存储图形等对象
特殊型	timestamp			用来创建数据库的唯一时间戳
	bit		0、1 或 NULL	位数据类型
	uniqueidentifier			用来存储一个全局的唯一标识符

知识点2 标识符的命名规范

数据库对象的标识符指数据库中由用户定义的、可唯一标识数据库对象的有意义的字符序列。在 SQL Server 中标识符共有两种类型，一种是规则标识符，另一种是界定标识符。

1. 规则标识符

规则标识符严格遵守以下标识符命名规则，所以规则标识符是可以直接使用的。

① 由字母、数字、下画线、@、♯和$符号组成。

② 首字母不能为数字和$符号。

③ 标识符不允许是保留字。

④ 标识符内不能出现空格和特殊字符，长度小于128个字符。

2. 界定标识符

对于不符合标识符命名规则的标识符，比如标识符中含有内嵌的空格，则要使用界定符方括号[]或双引号""，如标识符"course name"含有内嵌的空格不是规则标识符，在使用时可以写成"course name"或[course name]。

知识点3 数据完整性和约束

1. 数据完整性

数据完整性是指存储在数据库中的数据的一致性和准确性。数据完整性分为实体完整性、参照完整性和域完整性。

1）实体完整性

实体完整性是约束一个表中不能出现重复记录。限制重复记录的出现是通过在表中设置"主键"来实现的。"主键"字段不能输入重复值和空值，所谓"空值"就是"不知道"或"无意义"的值。如果主属性取空值，就说明某个不可标识的实体，这与现实世界的应用环境相矛盾，因此这个实体一定不是完整的实体。

2）参照完整性

参照完整性又称引用完整性，用于确保相关联的表间数据的一致性。当添加、删除和修改关系型数据库表中的记录时可以借助于参照完整性来保证相关联的表之间的数据一致性。例如当向"成绩表"中添加某个学生的成绩信息时必须保证所添加的学生是在学生表中存在的，否则是不允许进行添加的。参照完整性是通过"外键"来实现的。

3）域完整性

域完整性用于保证给定字段的数据的有效性，即保证数据的取值在有效的范围内。例如限制成绩字段的取值范围为0～100。

2. 约束

为了保证数据的完整性，防止数据库中存在不符合语义规定的数据，防止因错误信息的输入、输出而造成无效的操作或错误信息，在 SQL Server 中提供了3种手段来实现数据完整性，即约束、规则和默认值。其中约束用来对表中的值进行限制，通常在创建表时应同时创建各种约束。常见的约束有主键约束、外键约束、检查约束、默认值约束、唯一约束。

1）主键约束（PRIMARY KEY）

主键约束是为了保证实体完整性，用于唯一地标识表中的每一行。主键字段不能出现重复值,不允许为空值。在一个表中只能有一个主键,主键可以是一个字段,也可以是字段的组合。

2)外键约束(FOREIGN KEY)

外键约束是为了保证参照完整性,用于建立一个或多个表的字段之间的引用联系。在创建时首先在被引用表上创建主键或唯一约束,然后在引用表的字段上创建外键约束。外键必须是另一个表的主键,这样在当前表上才能称为外键。

3)检查约束(CHECK)

检查约束是为了保证域完整性,检查约束为所属字段值设定一个逻辑表达式来限定有效取值范围。检查约束只在添加和更新记录时有效,在删除时无效。在一个列上只能定义一个检查约束。

4)默认值约束(DEFAULT)

默认值约束是指在用户输入数据时,如果该列没有指定数据值,那么系统将把默认值赋给该列。

5)唯一约束(UNIQUE)

唯一约束要求该列唯一,允许为空,但只能出现一个空值。唯一约束与主键类似,也具有唯一性,为表中的一列或多列提供实体完整性,一个表可以定义多个唯一约束。

任务 1　创建学生管理系统数据库中的表

学生管理系统数据库中有 7 个数据表,根据学生管理系统的功能需求和数据需求需要在已创建的学生管理数据库(studentmanager)中创建这 7 个数据表。本任务使用管理平台创建"系部表(department)"、"教师表(teacher)"和"课程表(course)",使用 SQL 语句创建"班级表(class)"、"学生表(student)"、"选课表(s_c)"和"授课表(t_c)",并在创建表的同时添加约束。

子任务 1　使用管理平台创建"系部表(department)"和"教师表(teacher)"

■ 任务分析

本子任务使用管理平台创建"系部表(department)"和"教师表(teacher)",两个表的结构如表 3-2 和表 3-3 所示。

表 3-2　系部表(department)

列　名	数据类型	说　明
dep_id	char(10)	系编号,主键
dep_name	varchar(20)	系名称,非空
dep_head	varchar(10)	系主任

表 3-3　教师表(teacher)

列　名	数据类型	说　明
t_id	char(10)	教师编号,主键
t_name	varchar(10)	教师姓名,非空

列　　名	数据类型	约　　束
t_sex	char(2)	性别,取值只能为"男"或"女"
t_entrydate	datetime	入职日期
t_professor	varchar(10)	职称,默认值为"助教"
t_salary	money	基本工资
dep_id	char(10)	系编号,外键,与系部表的"系编号"关联

◆ **任务实施**

1．创建"系部表（department）"

【步骤 1】启动 SSMS,在对象资源管理器中依次展开"数据库"→studentmanager,然后右击表,如图 3-1 所示。

图 3-1　新建表

【步骤 2】在弹出的快捷菜单中选择"新建表"命令,打开表设计窗口,在表设计窗口中按照"系部表"的结构输入各字段的名称和数据类型,以及是否为空,如图 3-2 所示。

【步骤 3】选中系编号字段 dep_id,单击工具栏上的"设置主键"按钮 （或者右击,在弹出的快捷菜单中选择"设置主键"命令）,将 dep_id 设置为主键,如图 3-3 所示。

【步骤 4】单击工具栏上的"保存"按钮 （或者选择"文件"→"保存"命令）,在弹出的对话框中输入表名称"department",如图 3-4 所示。

【步骤 5】单击"确定"按钮完成"系部表"的创建。

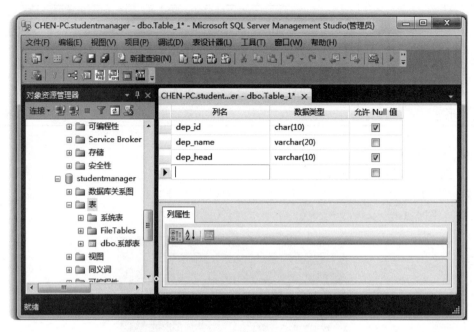

图 3-2 表设计窗口

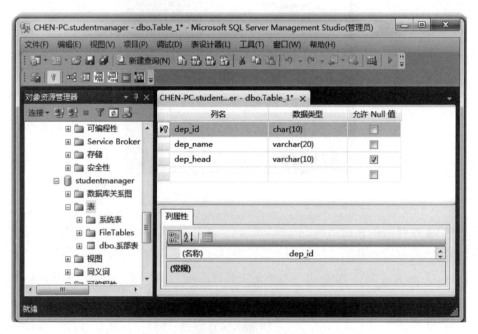

图 3-3 设置主键

图 3-4　输入表名称

2. 创建"教师表(teacher)"

1) 表基本结构和主键

【步骤 1】按照上面的步骤 1 和步骤 2 打开表设计窗口,在表设计窗口中按照"教师表(teacher)"的结构输入各字段的名称和数据类型,以及是否为空,如图 3-5 所示。

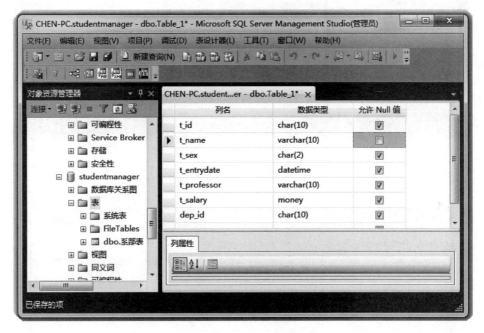

图 3-5　teacher 表设计窗口

【步骤 2】选中教师编号字段 t_id,单击工具栏上的"设置主键"按钮 🔑,设置 t_id 字段为主键,并单击"保存"按钮,输入表名"teacher",然后单击"确定"按钮,完成表基本结构和主键的创建。

2) 性别字段 t_sex 上的 CHECK 约束的设置

【步骤 1】在表设计窗口中右击性别字段 t_sex,弹出图 3-6 所示的快捷菜单。

【步骤 2】在弹出的快捷菜单中选择"CHECK 约束"命令,打开"CHECK 约束"对话框,单击左下角的"添加"按钮添加一个默认名称为 CK_teacher 的 CHECK 约束,如图 3-7 所示。

学生管理系统表的创建与管理

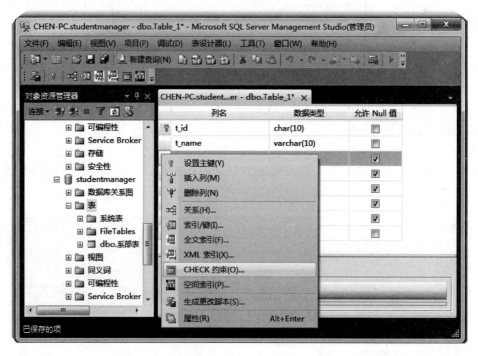

图 3-6　快捷菜单

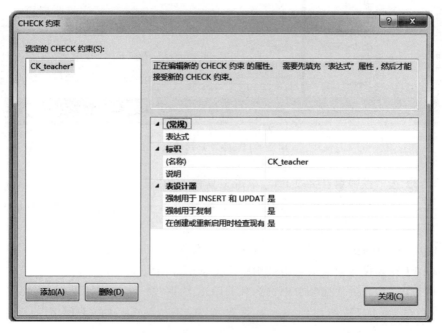

图 3-7　"CHECK 约束"对话框

【步骤 3】单击"常规"→"表达式"选项右侧的 ⊞ 按钮，在弹出的"CHECK 约束表达式"对话框中输入表达式"t_sex＝'男' OR t_sex＝'女'"，如图 3-8 所示。

图 3-8 添加 CHECK 约束限制性别字段"t_sex"的取值范围

【步骤 4】单击"确定"按钮并关闭"CHECK 约束"对话框，回到表设计窗口，单击工具栏上的"保存"按钮，完成 CHECK 约束的设置。

3）职称字段 t_professor 上的默认值的设置

【步骤 1】选中 t_professor 字段，在下方的"列属性"选项卡中的"默认值或绑定"处输入"'助教'"，如图 3-9 所示。

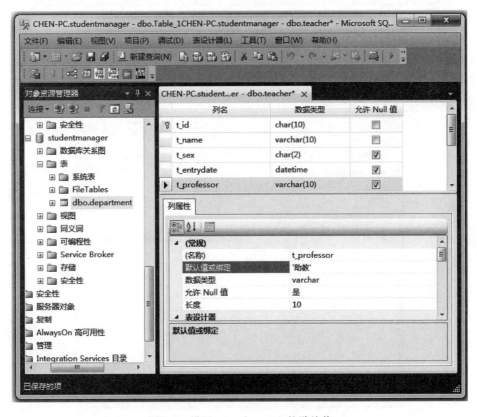

图 3-9 设置 t_professor 上的默认值

学生管理系统表的创建与管理

【步骤2】单击工具栏上的"保存"按钮完成默认值的设置。

4）系编号字段 dep_id 上的外键的设置

【步骤1】右击 dep_id 字段，在弹出的快捷菜单中选择"关系"命令，打开"外键关系"对话框，在其中单击"添加"按钮添加一个新关系，如图 3-10 所示。

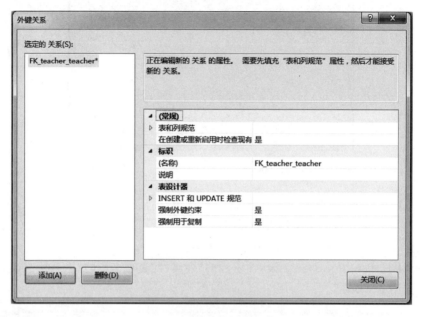

图 3-10　"外键关系"对话框

【步骤2】单击"常规"→"表和列规范"选项右侧的 ⋯ 按钮，在打开的"表和列"对话框中选择"主键表"为 department，主键表下面对应的字段选择 dep_id，"外键表"为 teacher，外键表下面的字段选择 dep_id，如图 3-11 所示。

图 3-11　"表和列"对话框

【步骤3】单击"确定"按钮关闭"外键关系"对话框,然后单击工具栏上的"保存"按钮,出现图 3-12 所示的对话框。

图 3-12 "保存"对话框

【步骤4】单击"是"按钮完成 teacher 表上 dep_id 字段的外键设置,同时也建立了表 department 和表 teacher 之间的联系。

小组活动:使用管理平台完成课程表(course)的创建,结构如表 3-4 所示。

表 3-4 课程表(course)

列　　名	数据类型	说　　明
course_id	char(10)	课程号,主键
course_name	varchar(20)	课程名称,唯一键
course_credit	decimal(3,1)	学分,取值范围为 1～10
course_type	char(10)	课程类型

子任务 2 使用 SQL 语句创建表

■ 任务分析

本子任务使用 SQL 语句创建"班级表(class)""学生表(student)"和"选课表(s_c)",3 个表的结构如表 3-5～表 3-7 所示。

表 3-5 班级表(class)

列　　名	数据类型	说　　明
c_id	char(10)	班级编号,主键
c_name	varchar(20)	班级名称,非空
c_mentor	varchar(10)	班导师
dep_id	char(10)	系编号,外键,与系部表的"系编号"关联

65

项目 3

学生管理系统表的创建与管理

表 3-6　学生表（student）

列　名	数据类型	说　明
s_id	char(10)	学号，主键
s_name	varchar(10)	姓名
s_sex	char(2)	性别，取值只能为"男"或"女"
s_borndate	datetime	出生日期
s_enrolldate	datetime	入学日期
s_telephone	char(11)	联系电话
s_address	varchar(30)	家庭住址
c_id	char(10)	班级编号，外键，与班级表的"班级编号"关联

表 3-7　选课表（s_c）

列　名	数据类型	说　明
s_id	char(10)	学号，与"课程号"组合做主键 外键，与学生表的"学号"关联
course_id	char(10)	课程号，外键，与课程表的"课程号"关联
result	decimal(3,1)	成绩，取值范围为 0～100，默认值为 0

创建表的 SQL 语句格式如下：

```
CREATE TABLE 表名
(   列名 1 数据类型 列的特征,
    列名 2 数据类型 列的特征,
    ...
    列名 n 数据类型 列的特征)
```

列的特征包括是否为空、是否主键、外键、默认值等各种约束。

◆ **任务实施**

1. 使用 SQL 语句创建"班级表（class）"

【步骤 1】单击工具栏上的"新建查询"按钮，打开一个空白的.sql 文件，输入以下 SQL
语句：

```
USE studentmanager                                    -- USE 说明使用数据库
GO
CREATE TABLE class
(
c_id      char(10) PRIMARY KEY,                       -- 班级编号，主键
c_name    varchar(20) NOT NULL,                       -- 班级名称，非空
c_mentor  varchar(10),
dep_id    char(10) FOREIGN KEY references department(dep_id)  -- 系编号，外键
)
```

【步骤 2】单击 ☑ 按钮执行语法检查，语法检查通过之后单击"执行"按钮执行 SQL 语
句，如图 3-13 所示。

【步骤 3】单击工具栏上的"保存"按钮将 SQL 语句进行保存。

【步骤 4】在对象资源管理器中依次选择 studentmanager→表，然后右击"表"选择"刷

新"命令,可以在"表"结点下面看到新创建的 class 表。

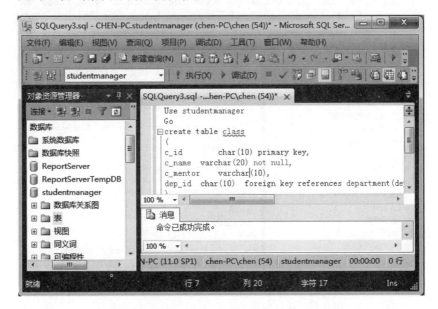

图 3-13 执行创建 class 表的 SQL 语句的界面

2. 使用 SQL 语句创建"学生表(student)"

【步骤1】单击工具栏上的"新建查询"按钮,打开一个空白的.sql 文件,输入以下 SQL 语句:

```
CREATE TABLE student
(s_id    char(10) PRIMARY KEY ,              -- 学号,主键
s_name varchar(10),                          -- 姓名
s_sex   char(2)CHECK(s_sex = '男' OR s_sex = '女'),-- 性别,取值只能为"男"或"女"
s_borndate   datetime,                        -- 出生日期
s_enrolldate datetime,                        -- 入学日期
s_telephone   char(11),                       -- 联系电话
s_address     varchar(30),                    -- 家庭住址
c_id char(10)FOREIGN KEY references class(c_id)) -- 班级编号,外键,与班级表的"班级编号"关联
```

【步骤2】单击 ✓ 按钮执行语法检查,语法检查通过之后单击"执行"按钮执行 SQL 语句,完成 student 表的创建,如图 3-14 所示。

3. 使用 SQL 语句创建"选课表(s_c)"

【步骤1】单击工具栏上的"新建查询"按钮,打开一个空白的.sql 文件,输入以下 SQL 语句:

```
CREATE TABLE s_c
(
s_id char(10) references student(s_id),         -- 外键,与学生表的"学号"关联
course_id char(10) references course(course_id), -- 外键,与课程表的"课程号"关联
result decimal(3,1) CHECK(result BETWEEN 0 AND 100) default 0,
PRIMARY KEY(s_id,course_id)                      -- 字段组合做主键
)
```

学生管理系统表的创建与管理

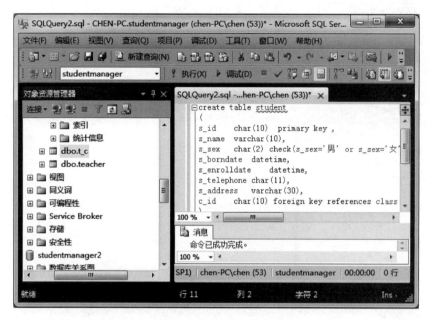

图 3-14 执行创建 student 表的 SQL 语句的界面

【步骤 2】单击 ✓ 按钮执行语法检查,语法检查通过之后单击"执行"按钮执行 SQL 语句,完成 s_c 表的创建。

小组活动:使用 SQL 语句创建"授课表(t_c)",授课表结构如表 3-8 所示。

表 3-8 授课表(t_c)

列 名	数据类型	说 明
t_id	char(10)	教师编号,与"课程号"组合做主键 外键,与教师表的"教师编号"关联
course_id	char(10)	课程号,外键,与课程表的"课程号"关联
term	int	开课学期

任务 2 修改学生管理系统中的表

现在学生管理数据库所使用的 7 个数据表已经创建,但由于创建过程中的误输入等操作导致建立表结构中的字段类型选择错误、字段大小设置过大或过小,从而造成不能正确输入表的数据记录,或者创建后发现在实际应用中还需要添加某些字段等。本任务将完成数据表的修改。

子任务 1 使用管理平台修改表

■ 任务分析

根据实际情况需要对课程表的结构进行修改,要求添加"开课部门"字段,插入到"学分"字段前,字符型,长度为 10,并设置为外键;将"课程名"字段的长度修改为 30,并设置"课程名称"字段不能出现重复值。

本子任务按照上述要求使用管理平台完成对课程表结构的修改。

◆ **任务实施**

【步骤1】启动 SSMS,在对象资源管理器中依次展开"数据库"→studentmanager→"表",然后右击 course 表,选择"设计"命令,如图 3-15 所示。

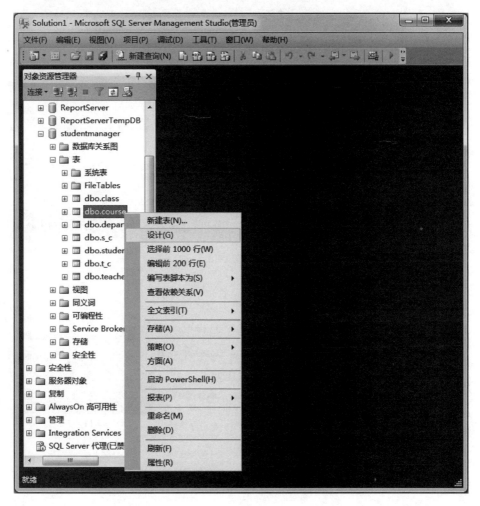

图 3-15   选择"设计"命令

【步骤2】打开表设计窗口,右击学分字段 course_credit,在弹出的快捷菜单中选择"插入列"命令,在学分字段前插入一个空白行,如图 3-16 所示。

【步骤3】对插入的空白行的列进行如图 3-17 所示的输入。

【步骤4】右击 dep_id 选择"关系"命令,打开"外键关系"对话框,单击"添加"按钮添加一个新关系,在常规选项中单击"表和列规范"右侧的 ⬜ 按钮,在打开的"表和列"对话框中选择"主键表"为 department,主键表下面对应的字段选择 dep_id,"外键表"为 course,外键表下面的字段选择 dep_id,如图 3-18 所示。

【步骤5】单击"确定"按钮,关闭"外键关系"对话框。

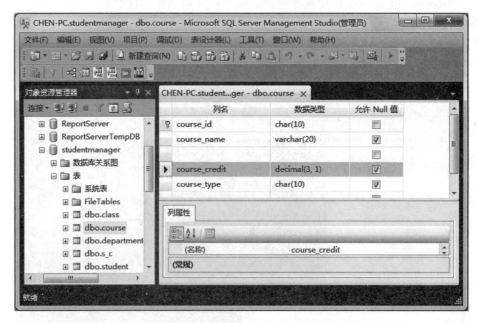

图 3-16　在表设计窗口中插入空白行

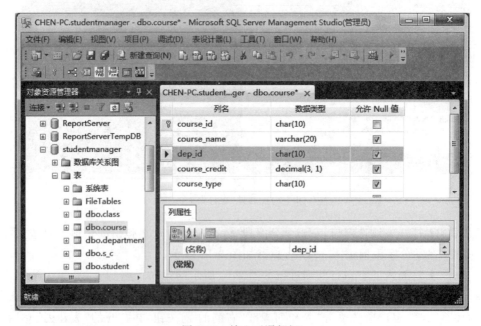

图 3-17　输入开课部门

图 3-18　"表和列"对话框

【步骤 6】修改"课程名称"字段 course_name 的长度为 30,然后右击课程名称字段 course_name,在弹出的快捷菜单中选择"索引/键"命令,打开"索引/键"对话框,如图 3-19 所示。

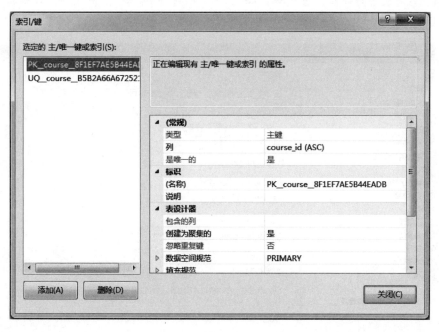

图 3-19　"索引/键"对话框

【步骤 7】单击"添加"按钮添加一个新索引,在常规选项中选择"是唯一的",然后单击右侧的下拉箭头,选择"是",如图 3-20 所示。

【步骤 8】单击"关闭"按钮,然后单击工具栏上的"保存"按钮,出现"保存"对话框,单击

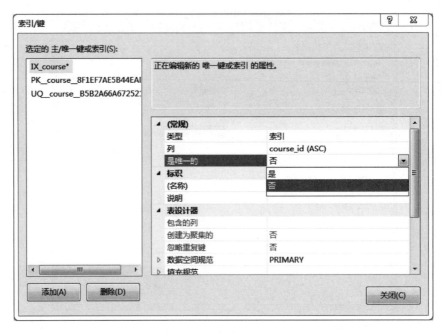

图 3-20   设置是唯一的

"是"按钮完成表的修改。

　　注意：当对表进行修改时首先要选择"工具"→"选项"命令，打开"选项"对话框，在左侧选择"设计器"，在右侧取消选中"阻止保存要求重新创建表的更改"复选框，如图 3-21 所示。

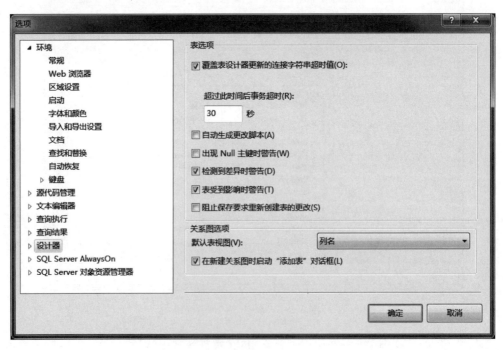

图 3-21   "选项"对话框

子任务 2　使用 SQL 语句修改表

■ 任务分析

根据实际情况需要对教师表的结构进行修改，要求添加"身份证号"字段 cardid，字符型，长度为 18；将"教师姓名"字段 t_name 的长度修改为 20，设置"职务"字段 t_professor 的取值为"教授""副教授""讲师""助教"，设置"职称"字段的默认值为"助教"。

本子任务按照上述要求使用 SQL 语句完成对教师表结构的修改。

ALTER TABLE 语句的基本语法结构如下。

* 添加列：

```
ALTER TABLE 表名
ADD 列名 数据类型 列的特征
```

* 修改列：

```
ALTER TABLE 表名
ALTER COLUMN 列名 数据类型 列的特征
```

* 删除列：

```
ALTER TABLE 表名
DROP COLUMN 列名
```

* 添加约束：

```
ALTER TABLE 表名
ADD CONSTRAINT 约束名 约束类型 具体的约束说明
```

* 删除约束：

```
ALTER TABLE 表名
DROP CONSTRAINT 约束名
```

◆ 任务实施

1. 添加"身份证号"字段 cardid，字符型，长度为 18

【步骤 1】单击工具栏上的"新建查询"按钮，打开一个空白的 .sql 文件，输入以下 SQL 语句：

```
ALTER TABLE teacher
ADD cardid char(18)
```

【步骤 2】单击☑按钮执行语法检查，语法检查通过之后单击"执行"按钮执行 SQL 语句，完成"身份证号"字段 cardid 的添加。

2. 将"教师姓名"字段 t_name 的长度修改为 20

【步骤 1】单击工具栏上的"新建查询"按钮，打开一个空白的 .sql 文件，输入以下 SQL 语句：

```
ALTER TABLE teacher
ALTER COLUMN t_name varchar(20)
```

【步骤 2】单击 ✓ 按钮执行语法检查,语法检查通过之后单击"执行"按钮执行 SQL 语句,完成"教师姓名"字段 t_name 的修改。

3. 设置"职称"字段 t_professor 的取值为"教授""副教授""讲师""助教"

【步骤 1】单击工具栏上的"新建查询"按钮,打开一个空白的.sql 文件,输入以下 SQL 语句:

```
ALTER TABLE teacher
ADD CONSTRAINT c_1 check(t_professor IN('教授','副教授','讲师','助教'))
```

【步骤 2】单击 ✓ 按钮执行语法检查,语法检查通过之后单击"执行"按钮执行 SQL 语句,完成"职称"字段 t_professor 的检查约束的设置。

说明:in 表示一个集合,表示只要在集合内出现的,等价于"t_professor = '教授' OR t_professor = '副教授' OR t_professor = '讲师' OR t_professor = '助教'"。

4. 设置"职称"字段的默认值为"助教"

【步骤 1】单击工具栏上的"新建查询"按钮,打开一个空白的.sql 文件,输入以下 SQL 语句:

```
ALTER TABLE teacher
ADD CONSTRAINT d_1 default '助教' FOR t_professor
```

【步骤 2】单击 ✓ 按钮执行语法检查,语法检查通过之后单击"执行"按钮执行 SQL 语句,完成"职称"字段 t_professor 的默认值约束的设置。

小组活动:要求用管理平台和 SQL 语句两种方式完成。

① 为学生表添加民族列,列名为 nation,数据类型为 char(20),允许为空。

② 修改民族列,将其数据类型改为 varchar(20)。

③ 给民族列添加一个约束,约束名为 d_1,约束民族列的默认取值为"汉族"。

④ 删除 d_1 约束。

⑤ 删除民族列。

任务 3 删除学生管理系统中的表

■ **任务分析**

当某些表不需要时可以将其删除,本任务完成 studentmanager 数据库误建立的表 c 的删除。

◆ **任务实施**

1. 使用管理平台完成表的删除

【步骤 1】启动 SSMS,在对象资源管理器中依次展开"数据库"→ studentmanager → "表",然后右击要删除的表 c,在弹出的快捷菜单中选择"删除"命令,如图 3-22 所示。

【步骤 2】打开"删除对象"对话框,检查一下对象是否为要删除的对象,以免误删其他表,检查无误后单击"确定"按钮完成表的删除。

2. 使用 SQL 语句完成 c 表的删除

【步骤 1】单击工具栏上的"新建查询"按钮,打开一个空白的.sql 文件,输入以下 SQL

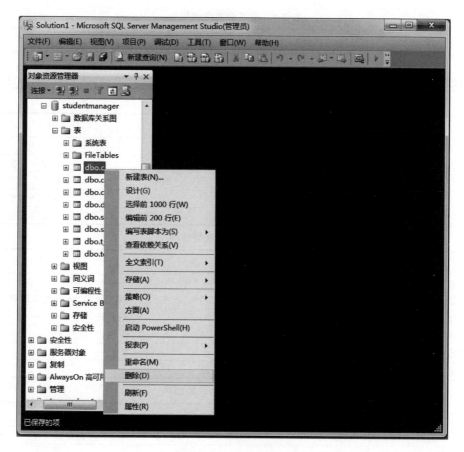

图 3-22　表的删除

语句:

```
DROP TABLE c
```

【步骤 2】单击 ✓ 按钮执行语法检查,语法检查通过之后单击"执行"按钮执行 SQL 语句完成表的删除。

注意: 使用 DROP TABLE 可以一次删除多个表,表名之间用逗号分开。当删除的表中的某个字段在另一个表中作外键时,必须先删除另一个表中的外键约束之后,才能删除表,或者先删除外键表。

拓展实训　图书销售管理数据库的创建

一、实训目的

1. 掌握系统数据类型的特点和功能。

2. 学会表的创建、修改和删除。

二、实训内容

1. 使用管理平台完成"图书分类表""供应商表""出版社表""图书库存表"的创建,表结构如表 3-9～表 3-12 所示。

表 3-9　图书分类表的结构

字　段　名	数据类型	长　度	约　　束
图书分类号	char	4	主键
图书分类名称	varchar	30	不允许为空

表 3-10　供应商表的结构

字　段　名	数据类型	长　度	约　　束
供应商编号	char	4	主键
供应商名称	varchar	30	不允许为空
所在城市	varchar	20	不允许为空
联系人	varchar	10	不允许为空
联系电话	varchar	11	不允许为空

表 3-11　出版社表的结构

字　段　名	数据类型	长　度	约　　束
出版社编号	char	6	主键
出版社名称	varchar	30	默认值为"清华大学出版社"
出版社地址	varchar	60	不允许为空
所在城市	varchar	30	不允许为空
邮政编码	varchar	6	
联系电话	varchar	11	

表 3-12　图书库存表的结构

字　段　名	数据类型	长　度	约　　束
图书编号	char	6	主键
ISBN	char	20	不允许为空
图书名称	char	60	
图书类号	char	4	外键
作者	varchar	40	
版次	varchar	10	
出版日期	char	6	
库存数量	int		限制在 0~1000
图书单价	decimal(5,1)		限制在 0~1000
出版社号	char	6	外键

2. 使用 SQL 语句完成"客户表""入库单表""销售单表"的创建,表结构如表 3-13~
表 3-15 所示。

表 3-13　客户表的结构

字　段　名	数据类型	长　度	约　　束
客户编号	char	6	主键
客户名称	varchar	200	不允许为空
性别	char	2	默认为"男"
地址	varchar	50	
联系电话	char	11	

表 3-14　入库单表的结构

字 段 名	数据类型	长 度	约 束
入库单号	char	6	与"图书编号"一起做主键
图书编号	char	6	外键
入库日期	char	6	
购入数量	int		限制在 1~1000
图书单价	decimal(5,1)		
供应商编号	char	4	
经手人	varchar	10	

表 3-15　销售单表的结构

字 段 名	数据类型	长 度	约 束
销售单号	char	6	与"图书编号"一起做主键
图书编号	char	6	外键
销售日期	datetime		
销售数量	int		
销售单价	decimal(5,1)		限制在 0~1000
客户编号	char	6	外键
经手人	varchar	10	

3. 修改图书库存表,将图书名称字段的数据类型改为 varchar,长度不变。

4. 为入库单表的图书单价字段添加约束,限制取值范围为 0~1000。

5. 修改入库单表,将供应商编号设置为外键。

项 目 小 结

本项目介绍 SQL Server 数据类型、标识符的命名规范、数据完整性和约束,并通过多个任务介绍了使用管理平台和 SQL 语句两种方法创建、修改和删除数据表。通过本项目的学习和训练使学生了解数据类型、了解标识符的命名规范、理解数据完整性,掌握使用管理平台创建表、修改表、删除表的方法以及使用 SQL 语句创建表、修改表、删除表的方法。在本项目中完成了学生管理系统数据表结构的创建,为后续项目的完成做好了准备。

思考与练习

一、填空题

1. 在 SQL Server 中标识符共有两种类型,一种是_____,另一种是_____。

2. 数据完整性分为 3 种类型,即_____、_____和_____。

3. _____完整性是约束一个表中不能出现重复记录。

4. _____又称引用完整性,用于确保相关联的表间的数据一致。

5. _____完整性用于保证给定字段的数据的有效性,即保证数据的取值在有效范围内。

6. _____约束是为了保证实体完整性。

7. _____约束是为了保证参照完整性。

8. _____约束是为了保证域完整性。

9. _____约束是指在用户输入数据时如果该列没有指定数据值,那么系统将默认值赋给该列。

二、上机操作题（所有表创建到项目 2 习题中创建的 salarymanager 数据库中）

1. 使用管理平台创建部门表 department,表结构如表 3-16 所示。

表 3-16　department 表的结构

字段名称	类　型	宽　度	允许空值	是否主键	说　　明
dep_id	char	4	NOT NULL		部门编号
depname	varchar	40	NOT NULL		部门名称
telephone	char	16	NULL		电话号码
fax	char	16	NULL		传真

2. 使用 SQL 语句创建员工表 employee 和工资表 salary,表结构如表 3-17 和表 3-18 所示。

表 3-17　employee 表的结构

字段名称	类型	宽度	允许空值	是否主键	说　　明
emp_id	char	6	NOT NULL	是	员工编号
empname	varchar	10	NOT NULL		员工姓名
sex	char	2	NULL		性别
ebirthday	datetime				出生日期
dep_id	char	4	NOT NULL		部门编号
prof	varchar	10	NULL		职称
phone	varchar	20	NULL		手机号码
onjob	bit		NOT NULL		是否在职(默认值为 1,1 表示在职,0 表示不在职)

表 3-18　salary 表的结构

字段名称	类型	宽度	允许空值	是否主键	说　　明
emp_id	char	6	NOT NULL	是	员工编号(外键,employee)
month	char	10	NOT NULL	是	月份
base	decimal	(10,2)	NULL		基本工资
bonus	decimal	(10,2)	NULL		奖金
benefit	decimal	(10,2)	NULL		福利
yfgz	decimal	(10,2)	NULL		应发工资＝基本工资＋奖金＋福利
insurance	decimal	(10,2)	NULL		社会保险金
tax	decimal	(10,2)	NULL		个人所得税
sfgz	decimal	(10,2)			实发工资＝应发工资－社会保险金－个人所得税

3. 使用管理平台修改部门表 department,设置 dep_id 字段为主键。

4. 使用 SQL 语句修改员工表 employee,将 dep_id 字段设置为外键。

项目 4 学生管理系统表中数据的操作

项 目 情 境

　　现在学生管理系统数据库和存储数据的数据表都已经建立完成,即具备了向数据表中填充数据的条件。下面的工作就是对学生成绩项目的数据表进行初始化。

　　数据表的初始化一般有两种方法,主要取决于项目数据的前期准备。如果前期准备充分,初始数据已经转换为电子版的形式,那么在进行初始化时就可以采取数据导入的方式;如果前期准备不充分,那么在进行初始化时只能一条记录一条记录地录入。

学习重点与难点

➤ 掌握使用管理平台添加表数据、修改表数据、删除表数据的方法
➤ 掌握使用 SQL 语句添加表数据、修改表数据、删除表数据的方法
➤ 掌握数据的导入和导出方法

学习目标

➤ 能使用管理平台向表中添加数据、修改表中数据、删除表数据
➤ 能使用 SQL 语句向表中添加数据、修改表中数据、删除表数据
➤ 能进行数据的导入和导出

任 务 描 述

任务 1　使用管理平台添加数据、修改数据、删除数据
任务 2　使用 SQL 语句添加数据、修改数据、删除数据
任务 3　数据的导入和导出

相 关 知 识

知识要点

➤ 使用 T-SQL 语句插入数据的语法格式
➤ 使用 T-SQL 语句修改数据的语法格式
➤ 使用 T-SQL 语句删除数据的语法格式

知识点 1　使用 T-SQL 语句插入数据的语法格式

用户可以使用 INSERT 语句向已经创建好的数据表中添加数据,也可以将现有表中的数据添加到新创建的表中。向已经创建好的数据表中插入记录可以一次插入一条,也可以一次插入多条。在插入时需要注意插入的数据必须符合各个字段的数据类型。

使用 INSERT 语句插入数据的语法格式如下:

INSERT [INTO] 表名[(列名列表)]
VALUES(值列表)

说明:在上述语法格式中"[ ]"中的内容为可选内容,各参数含义如下。

- INSERT:插入数据的关键字。
- INTO:可选部分,可以省略。
- 表名:指定要向哪个表中插入数据。
- 列名列表:可选项,如果列名中有多个列,则各个列之间用逗号分开,而且列名的书写顺序可以随意。如果省略,则按照数据表的定义顺序依次插入。
- VALUES:指定要插入的数据值列表。
- 值列表:指定各列对应的数据值,各值之间用逗号分开。值要跟列名相对应。

注意:值列表中的数据个数、顺序和数据类型必须与列名列表中的数据个数、顺序和数据类型一一对应。如果某列中暂时不给值且此列允许为空,则可以在值列表的相应位置用 NULL 代替,不能省略。若列不允许为空,且未设置默认值,则必须给该列添加数据值。

知识点 2　使用 T-SQL 语句修改数据的语法格式

在数据表中插入数据之后有时候需要对数据进行修改,比如数据表中有一个字段存放网站的访问量,那么这个访问量会随时增加,这就要对表中数据进行修改。在 T-SQL 中使用 UPDATE 语句修改表中数据,每次可以修改部分或全部数据,修改时可以指定修改条件从而修改一条或多条记录,若没有满足条件的则一条也不修改;如果没有指定条件则修改表中全部记录。

使用 UPDATE 语句修改数据的语法格式如下:

UPDATE 表名
SET 列名 = 新值
[WHERE 条件]

说明:
① SET 后面指定要修改的列名和该列修改后的值,可以是具体数值,也可以是表达式。
② WHERE 条件是可选的,主要用来指定对哪些记录进行修改。

知识点 3　使用 T-SQL 语句删除数据的语法格式

数据库中的数据会经常变化,当有些数据不再需要时可以将其删除。比如有些学生退学了,就可以将该学生的记录从学生表中删除。在 T-SQL 中使用 DELETE 语句删除表中数据,每次可以删除部分或全部记录,在删除时可以指定删除条件,满足条件的记录将会被删除。

使用 DELETE 语句删除数据的语法格式如下：

DELETE 表名 [WHERE 条件]

说明：DELETE 语句删除的是整条记录，而不是某些列。

任务 1　使用管理平台添加数据、修改数据、删除数据

现在学生管理系统中的 7 个表已经建立完成，但表中没有任何数据，本任务将使用管理平台完成表中数据的录入、修改和删除。

子任务 1　录入"系部表(department)"和"教师表(teacher)"的数据

■ 任务分析

由于"系部表(department)"和"教师表(teacher)"是一对多联系，两个表通过"系部编号 dep_id"建立参照完整性，所以在添加数据记录时首先要添加 department 表中的数据，再添加 teacher 表中的数据。两个表中的数据如表 4-1 和表 4-2 所示。

表 4-1　department 表中的数据

dep_id	dep_name	dep_head
01	电气与信息工程系	刘　明
02	机械工程系	于　明
03	建筑工程系	王　天
04	材料工程系	李大可

表 4-2　teacher 表中的数据

t_id	t_name	t_sex	t_entrydate	t_professor	t_salary	dep_id
0101	陈　平	女	2003-07-15	讲　师	5000.0000	01
0102	陈　扬	女	2002-07-15	讲　师	5000.0000	01
0103	杨　欣	男	1995-07-15	副教授	6000.0000	01
0104	蒋固安	男	1990-07-15	教　授	8000.0000	01
0105	张　振	女	1995-07-15	讲　师	5000.0000	01
0201	王丽娜	女	1998-07-15	副教授	6000.0000	02
0202	于　林	男	1989-07-15	教　授	8000.0000	02

◆ 任务实施

【步骤 1】启动 SSMS，在对象资源管理器中依次展开"数据库"→studentmanager→"表"，然后右击 department 表，在弹出的快捷菜单中选择"编辑前 200 行"命令，如图 4-1 所示。

【步骤 2】单击"编辑前 200 行"命令，打开数据编辑窗口，如图 4-2 所示。

【步骤 3】按照表 4-1 中的内容输入各字段的值，然后关闭数据编辑窗口，即可实现 department 表数据的录入。

学生管理系统表中数据的操作

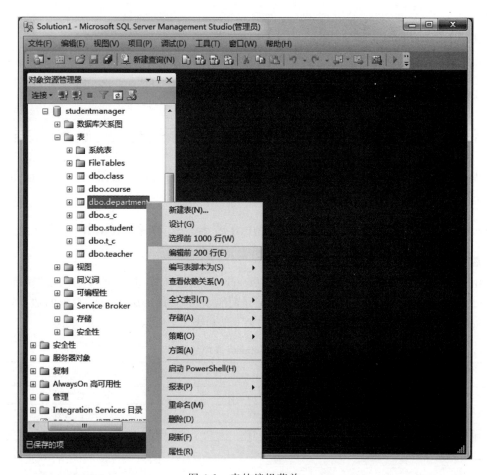

图 4-1　表的编辑菜单

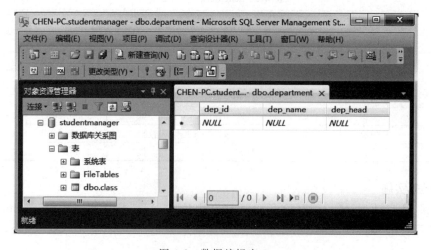

图 4-2　数据编辑窗口

小组活动：使用管理平台完成 teacher 表数据的录入，数据如表 4-2 所示。

注意：使用管理平台录入数据尽量要一行一行地录入，不要按照列进行录入。当录入出现问题时可以按 Esc 键取消录入当前行。

子任务 2 修改"教师表(teacher)"中的数据

■ 任务分析

现在教师表中的数据已经录入完成,但是在录入过程中出现了错误,需要进行修改。本子任务将教师编号为"0001"的教师的姓名修改为"刘清华",并将所有教师的工资提高500元。

◆ 任务实施

【步骤1】启动 SSMS,在对象资源管理器中依次展开"数据库"→studentmanager→"表",然后右击 teacher 表,在弹出的快捷菜单中选择"编辑前 200 行"命令,打开 teacher 的编辑窗口。

【步骤2】找到教师编号为 0001 的记录,将教师姓名修改为"刘清华",并将所有教师的工资进行修改,都增加 500 元,如图 4-3 所示。

【步骤3】关闭表编辑窗口,即可实现数据表中数据的修改。

注意:在修改工资时大家会发现很麻烦,要逐条进行修改,如果不小心遗漏一条或在改的过程中出现错误,又将带来错误数据。

子任务 3 删除"教师表(teacher)"中的数据

■ 任务分析

教师"于林"已经离开学校,需要将他的信息删除。本子任务的功能是删除教师"于林"的基本信息。

◆ 任务实施

【步骤1】打开 teacher 表的编辑窗口,如图 4-3 所示。

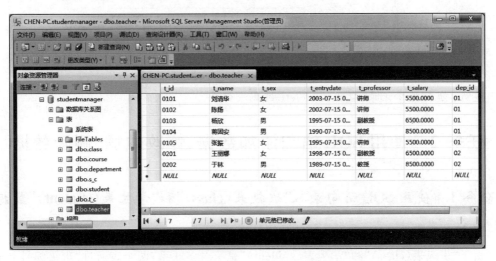

图 4-3 "教师表(teacher)"的编辑窗口

【步骤2】选中教师"于林"的一行记录,然后右击选中的记录,如图 4-4 所示。

【步骤3】在弹出的快捷菜单中选择"删除"命令,如图 4-5 所示。

学生管理系统表中数据的操作

【步骤 4】单击"是"按钮即可删除该行记录,单击"否"按钮将取消删除。

图 4-4　删除教师"于林"的信息

图 4-5　删除确认界面

注意：也可选中记录,直接按 Delete 键删除记录。

任务 2　使用 SQL 语句添加数据、修改数据、删除数据

子任务 1　使用 SQL 语句录入"班级表（class）"和"学生表（student）"数据

■ 任务分析

由于"班级表（class）"和"学生表（student）"是一对多联系,两个表通过"班级编号 c_id"建立参照完整性,所以在添加数据记录时首先要添加班级表（class）中的数据,再添加学生表（student）中的数据。两个表中的数据如表 4-3 和表 4-4 所示。

表 4-3　class 表中的数据

c_id	c_name	c_mentor	dep_id
20160101	计算机 16-1	张　振	01
20160102	计算机 16-2	王丽娜	01
20160103	自动化 16-1	于　林	01
20160104	自动化 16-2	王　伟	01
20160201	机制 16-1	张　静	02
20160202	机制 16-2	李　超	02
20160203	机制 16-3	赛　飞	02
20160204	机制 16-4	户　康	02
20160301	土木 16-1	朱　明	03

表 4-4　student 表中的数据

s_id	s_name	s_sex	s_borndate	s_enrolldate	s_telephone	s_address	c_id
2016010101	白沧溟	男	1995-04-06	2016-09-01	13478098447	辽宁省鞍山市	20160101
2016010102	孔亚薇	女	1996-04-03	2016-09-01	13804961254	河南省商丘市	20160101
2016010201	王　丽	女	1989-07-08	2016-09-01	13079452444	辽宁省大连市	20160102
2016010202	田　园	女	1985-06-09	2016-09-01	13897256641	辽宁省抚顺市	20160102
2016010203	刘　晓	男	1993-12-04	2016-09-01	15874526365	辽宁省沈阳市	20160102
2016020101	张孝文	男	1996-09-07	2016-09-01	18945623120	辽宁省本溪市	20160201
2016020201	孙天方	男	1992-05-06	2016-09-01	13940931222	辽宁省大连市	20160202
2016020202	李鹏飞	男	1992-10-06	2016-09-01			

◆ 任务实施

1. 插入班级表 calss 的数据

【步骤 1】启动 SSMS,单击工具栏上的"新建查询"按钮,打开一个空白的. sql 文件,输入以下 SQL 语句:

```
INSERT class
VALUES('20160101','计算机 16-1','张振','01')
INSERT class
VALUES('20160102','计算机 16-2','王丽娜','01')
INSERT class
VALUES('20160103','自动化 16-1','于林','01')
INSERT class
VALUES('20160104','自动化 16-2','王伟','01')
INSERT class
VALUES('20160201','机制 16-1','张静','02')
INSERT class
```

```
VALUES('20160202','机制 16 - 2','李超','02')
INSERT class
VALUES('20160203','机制 16 - 3','赛飞','02')
INSERT class
VALUES('20160204','机制 16 - 4','户康','02')
INSERT class
VALUES('20160301','土木 16 - 1','朱明','03')
```

【步骤 2】单击 按钮执行语法检查，语法检查通过之后单击"执行"按钮执行 SQL 语句，完成 class 表中数据的输入，如图 4-6 所示。

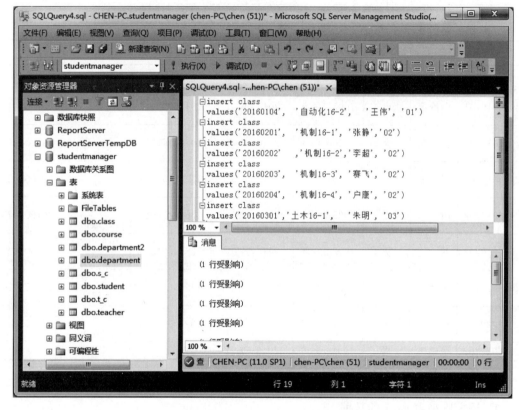

图 4-6 INSERT 语句执行成功的界面

2. 插入学生表 student 的数据

【步骤 1】启动 SSMS，单击工具栏上的"新建查询"按钮，打开一个空白的 .sql 文件，输入以下 SQL 语句：

```
INSERT student
VALUES('2016010101','白沧溟','男','1995 - 04 - 06','2016 - 09 - 01','13478098447','辽宁省鞍山
市','20160101')
INSERT student
VALUES('2016010102','孔亚薇','女','1996 - 04 - 03','2016 - 09 - 01','13804961254','河南省商丘
市','20160101')
INSERT student
VALUES('2016010201','王丽', '女','1989 - 07 - 08','2016 - 09 - 01','13079452444','辽宁省大连市',
```

```
'20160102')
INSERT student
VALUES('2016010202','田园','女','1985-06-09','2016-09-01','13897256641','辽宁省抚顺市','
20160102')
INSERT student
VALUES('2016010203','刘晓','男','1993-12-04','2016-09-01','15874526365','辽宁省沈阳市',
'20160102')
INSERT student
VALUES('2016020101','张孝文','男','1996-09-07','2016-09-01','18945623120','辽宁省本溪
市','20160201')
INSERT student
VALUES('2016020201', '孙天方','男', '1992-05-06', '2016-09-01', '13940931222','辽宁省大
连市','20160202')
INSERT student
VALUES('2016020202','李鹏飞','男','1992-10-06','2016-09-01',NULL,NULL,NULL)
```

【步骤2】单击☑按钮执行语法检查,语法检查通过之后单击"执行"按钮执行 SQL 语句,完成 student 表中数据的输入。

注意:对于 student 表最后一条记录的输入也可以使用以下语句:

```
INSERT student(s_id,s_name,s_sex,s_borndate,s_enrolldate)
VALUES('2016020202','李鹏飞','男', '1992-10-06', '2016-09-01')
```

小组活动:使用 SQL 语句完成"课程表(course)""选课表(s_c)"和"授课表(t_c)"中数据的录入。

子任务 2 修改"教师表(teacher)"和"学生表(student)"中的数据

■ 任务分析

现在学生表中的数据已经录入完成,但是在录入过程中出现了错误,需要进行修改。本子任务的功能是使用 SQL 语句将学号为 2016010101 的学生的姓名修改为"白沧铭"。另外,由于国家要进行工资统一,我校所有教师的工资需要降低 500 元。

◆ 任务实施

1. 将学号为 2016010101 的学生的姓名修改为"白沧铭"

【步骤1】启动 SSMS,单击工具栏上的"新建查询"按钮,打开一个空白的.sql 文件,输入以下 SQL 语句:

```
UPDATE student
SET s_name = '白沧铭'
WHERE s_id = '2016010101'
```

【步骤2】单击☑按钮执行语法检查,语法检查通过之后单击"执行"按钮执行 SQL 语句,完成对 student 表的修改,如图 4-7 所示。

2. 将所有教师的工资降低 500 元

【步骤1】启动 SSMS,单击工具栏上的"新建查询"按钮,打开一个空白的.sql 文件,输入以下 SQL 语句:

```
UPDATE teacher
```

SET t_salary = t_salary − 500

图 4-7　修改学生表中的数据

【步骤 2】单击☑按钮执行语法检查，语法检查通过之后单击"执行"按钮执行 SQL 语句，完成对教师工资的修改，如图 4-8 所示。

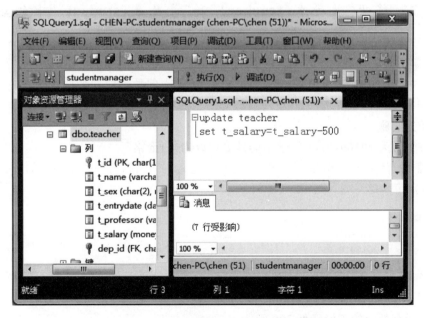

图 4-8　修改教师表中所有教师的工资

注意：对教师表中所有教师的工资进行修改使用 SQL 语句要比使用管理平台方便，而且不会出现漏改或错改的问题。

子任务3 删除"教师表(teacher)"和"学生表(student)"中的数据

■ 任务分析

"刘晓"同学由于一些个人原因,已经申请退学,需要将该同学的相关信息删除。由于该同学已经进行了选课,所以需要将该同学的选课信息以及该同学的基本信息删除。由于选课表是参照学生基本信息表的,所以必须先将该学生的选课信息删除才能删除其基本信息。

◆ 任务实施

1. 删除学号"2016010203"同学的选课信息

【步骤1】启动SSMS,单击工具栏上的"新建查询"按钮,打开一个空白的.sql文件,输入以下SQL语句:

```
DELETE s_c
WHERE s_id = '2016010203'
```

【步骤2】单击☑按钮执行语法检查,语法检查通过之后单击"执行"按钮执行SQL语句,删除"刘晓"同学的选课信息,如图4-9所示。

图4-9 删除"刘晓"同学的选课信息

2. 删除学号"2016010203"同学的基本信息

【步骤1】启动SSMS,单击工具栏上的"新建查询"按钮,打开一个空白的.sql文件,输入以下SQL语句:

```
DELETE student
WHERE s_id = '2016010203'
```

【步骤2】单击☑按钮执行语法检查,语法检查通过之后单击"执行"按钮执行SQL语句,删除"刘晓"同学的基本信息。

注意:在删除数据时一定要先删除外键表中的数据,再删除主键表中的数据。

89

项目
4

学生管理系统表中数据的操作

任务 3　数据的导入和导出

在实际使用数据的过程中有时需要把数据库存储的数据导出,保存成文本文件或 Excel 文件,有时需要把文本文件或 Excel 文件中的数据导入到数据库中,这就要使用数据的导入/导出功能。使用数据的导入/导出功能可以实现不同数据平台间数据的共享。导入/导出不仅可以完成数据库和文件格式的转换,还可以实现不同数据库之间数据的传输。

子任务 1　数据的导出

■ 任务分析

导出数据是将 SQL Server 数据库中的数据转换成某种用户指定的其他数据格式。本子任务的功能是将 studentmanager 数据库的"教师表(teacher)"中的数据导出为文本文件;将"学生表(student)"中的数据导出为 Excel 文件。

◆ 任务实施

1. 将 studentmanager 数据库的"教师表(teacher)"中的数据导出为文本文件

【步骤 1】右击 studentmanager,在弹出的快捷菜单中选择"任务"→"导出数据"命令,如图 4-10 所示。

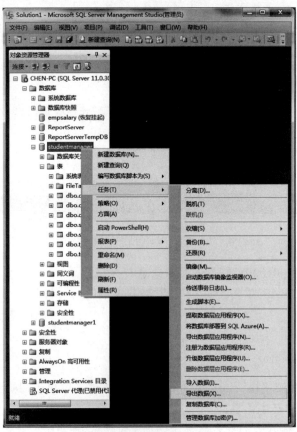

图 4-10　选择"导出数据"命令

【步骤2】单击"导出数据"命令,打开"SQL Server 导入和导出向导"窗口,如图 4-11
所示。

图 4-11 "SQL Server 导入和导出向导"窗口

【步骤3】单击"下一步"按钮,打开"选择数据源"窗口,选择数据库 studentmanager,如
图 4-12 所示。

图 4-12 "选择数据源"窗口

学生管理系统表中数据的操作

【步骤4】单击"下一步"按钮,打开"选择目标"窗口,确定数据导出的格式及导出文件的存放路径。单击"目标"右侧的下拉箭头,选择"平面文件目标"选项,以保存文本文件,在"文件名"处选择文件路径及要保存的文件名称,如图 4-13 所示。

图 4-13 "选择目标"窗口

【步骤5】单击"下一步"按钮,打开"指定表复制或查询"窗口,选中"复制一个或多个表或视图的数据"单选按钮,如图 4-14 所示。

图 4-14 "指定表复制或查询"窗口

【步骤 6】单击"下一步"按钮,打开"配置平面文件目标"窗口,单击"源表或源视图"右侧的下拉箭头,选择[dbo].[teacher]选项,如图 4-15 所示。

图 4-15 "配置平面文件目标"窗口

【步骤 7】单击"下一步"按钮,打开"保存并运行包"窗口,保持默认设置,单击"下一步"按钮,打开"完成该向导"窗口,如图 4-16 所示。

图 4-16 "完成该向导"窗口

学生管理系统表中数据的操作

【步骤 8】单击"完成"按钮,开始执行导出操作,导出成功后打开"执行成功"窗口,如图 4-17 所示。

图 4-17 "执行成功"窗口

【步骤 9】单击"关闭"按钮,查看导出文件,并双击文件名 teacher.txt,查看文件内容,如图 4-18 所示。

图 4-18 查看文本文件内容

2. 将"学生表(student)"中的数据导出为 Excel 文件

【步骤 1】右击 studentmanager,在弹出的快捷菜单中依次选择"任务"→"导出数据"命令,打开"SQL Server 导入和导出向导"窗口。

【步骤 2】单击"下一步"按钮,打开"选择数据源"窗口,选择数据库 studentmanager。

【步骤 3】单击"下一步"按钮,打开"选择目标"窗口,确定数据导出的格式及导出文件的存放路径。单击"目标"右侧的下拉箭头,选择 Microsoft Excel 选项,以保存 Excel 文件,在"文件名"处选择文件路径及要保存的文件名称,如图 4-19 所示。

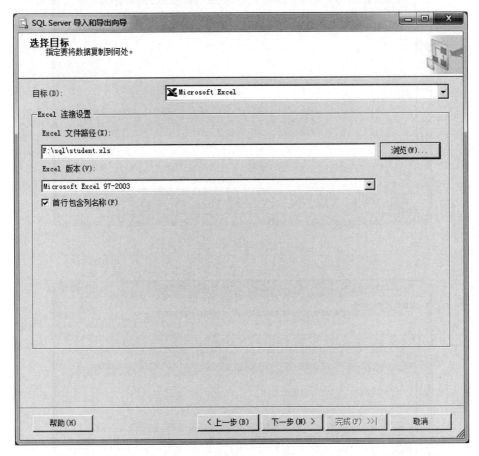

图 4-19　选择"Microsoft Excel"选项

【步骤 4】单击"下一步"按钮,打开"指定表复制或查询"窗口,选中"复制一个或多个表或视图的数据"单选按钮。

【步骤 5】单击"下一步"按钮,打开"选择源表和源视图"窗口,选中数据表[dbo].[student],如图 4-20 所示。

【步骤 6】单击"下一步"按钮,打开"查看数据类型映射"窗口,如图 4-21 所示。

【步骤 7】单击"下一步"按钮,打开"保存并运行包"窗口。

【步骤 8】单击"下一步"按钮,打开"完成该向导"窗口。

【步骤 9】单击"完成"按钮,开始执行导出操作,导出成功后打开"执行成功"窗口,单击"关闭"按钮,查看导出文件。

学生管理系统表中数据的操作

图 4-20 "选择源表和源视图"窗口

图 4-21 "查看数据类型映射"窗口

【步骤 10】双击文件名 student. xls,查看文件内容,如图 4-22 所示。

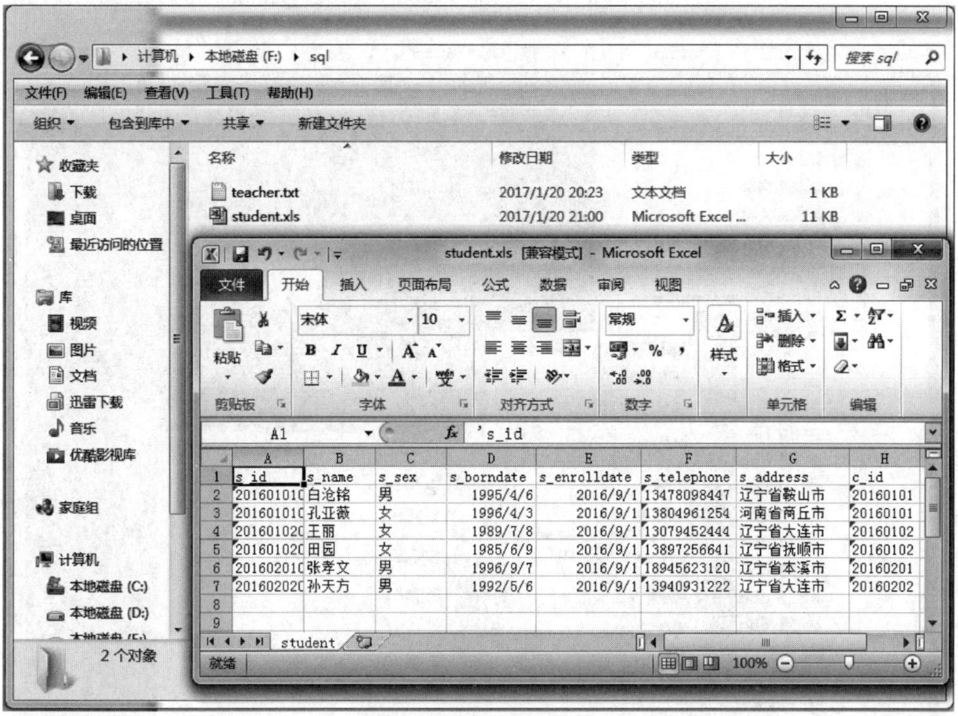

图 4-22　查看 student. xls 文件

子任务 2　数据的导入

■ 任务分析

导入数据是指从外部数据源(例如文本文件)中检索数据,并将数据插入到 SQL Server 表中的过程。本子任务的功能是将 teacher. txt 文本文件中的数据导入到新表 teacher_info 中;将 student. xls 文件中的数据导入新表 student_info 中。

◆ 任务实施

1. 将 teacher. txt 文本文件中的数据导入新表 teacher_info 中

【步骤 1】右击 studentmanager 数据库,在弹出的快捷菜单中依次选择"任务"→"导入数据"命令,如图 4-23 所示。

【步骤 2】单击"导入数据"命令,打开"SQL Server 导入和导出向导"命令,然后单击"下一步"按钮,打开"选择数据源"窗口,单击"数据源"右边的下拉列表框选择"平面文件源"选项,单击"浏览"按钮选择要从哪个文件导入数据,在本子任务中选择 teacher. txt,如图 4-24 所示。

注意:如果将数据导入一个已经存在的表中,在本步骤中应该取消选中"在第一个数据行中显示列名称"复选框;如果将数据导入一个新表中,在本步骤中应该选中"在第一个数据行中显示列名称"复选框,如取消,则在新表中将用"列名 0""列名 1"……作为列名。

【步骤 3】单击"下一步"按钮将显示所选数据源中的数据,如图 4-25 所示。

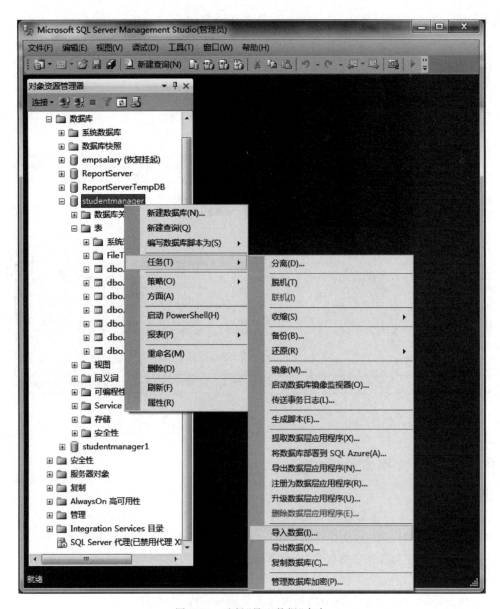

图 4-23   选择"导入数据"命令

【步骤 4】单击"下一步"按钮，打开"选择目标"窗口，在该窗口中选择将数据复制到何处，本项目中选择数据库 studentmanager，单击"下一步"按钮，打开"选择源表和源视图"窗口，在"目标"处选择已有表或输入新表，在本子任务中输入新表"［dbo］.［teacher_info］"，如图 4-26 所示。

【步骤 5】单击"下一步"按钮，打开"保存并运行包"窗口，选中"立即运行"复选框，单击"下一步"按钮，打开"完成该向导"窗口，单击"完成"按钮执行导入操作，执行成功的窗口如图 4-27 所示。

【步骤 6】关闭"执行成功"窗口，回到管理平台，刷新 studentmanager 数据库中的表，出现 teacher_info 表，查看 teacher_info 表中的数据，如图 4-28 所示。

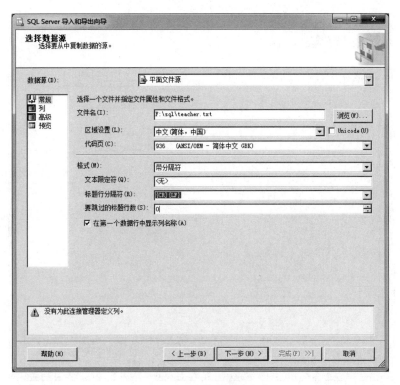

图 4-24 "选择数据源"窗口

图 4-25 显示所选数据源中的数据

学生管理系统表中数据的操作

图 4-26 "选择源表和源视图"窗口

图 4-27 "执行成功"窗口

	t_id	t_name	t_sex	t_entrydate	t_professor	t_salary	dep_id
►	0101	刘清华	女	2003-07-15 0...	讲师	5000	01
	0102	陈扬	女	2002-07-15 0...	讲师	5000	01
	0103	杨欣	男	1995-07-15 0...	副教授	6000	01
	0104	蒋固安	男	1990-07-15 0...	教授	8000	01
	0105	张振	女	1995-07-15 0...	讲师	5000	01
	0201	王丽娜	女	1998-07-15 0...	副教授	6000	02
	0202	于林	男	1989-07-15 0...	教授	8000	02
*	NULL	NULL	NULL	NULL	NULL	NULL	NULL

|◄ ◄ | 1 | /7 | ► ►| ►* | ⬛ |

图 4-28 "teacher_info"表中的数据

2. 将 Excel 文件 student. xls 中的数据导入新表 student_info 中

【步骤 1】右击 studentmanager,在弹出的快捷菜单中依次选择"任务"→"导入数据"命令,打开"SQL Server 导入和导出向导"窗口,单击"下一步"按钮,打开"选择数据源"窗口。

【步骤 2】单击"数据源"右边的下拉列表框选择 Microsoft Excel,单击"浏览"按钮选择要从哪个文件导入数据,在本子任务中选择 student. xls,如图 4-29 所示。

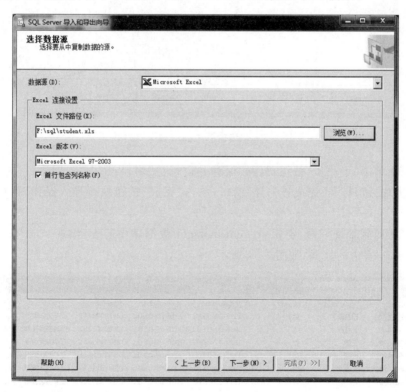

图 4-29 "选择数据源"窗口

【步骤 3】单击"下一步"按钮,打开"选择目标"窗口,在该窗口中选择将数据复制到何处,本项目中选择数据库 studentmanager。

【步骤4】单击"下一步"按钮,打开"指定表复制或查询"窗口,选中"复制一个或多个表或视图的数据"单选按钮。

【步骤5】单击"下一步"按钮,选择 student 选项(因为要导入的数据放在这个工作表中),在"目标"处输入新表名"[dbo].[student_info]",如图 4-30 所示。

图 4-30 "选择源表和源视图"窗口

【步骤6】单击"下一步"按钮,打开"保存并运行包"窗口,选中"立即运行"复选框,然后单击"下一步"按钮,打开"完成该向导"窗口,单击"完成"按钮执行导入操作,执行成功后关闭窗口。

【步骤7】回到管理平台,刷新 studentmanager 数据库中的表,出现 student_info 表,查看 student_info 表中的数据,如图 4-31 所示。

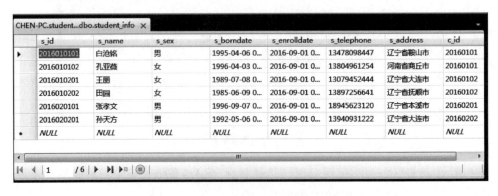

图 4-31 查看"student_info"表中的数据

注意：数据的"导入和导出"也可以在 SQL Server 的两个不同数据库间进行。

拓展实训　图书销售管理系统表中数据的操作

一、实训目的

1. 掌握使用管理平台添加表数据、修改表数据、删除表数据的方法。
2. 掌握使用 SQL 语句添加表数据、修改表数据、删除表数据的方法。
3. 掌握数据的导入和导出方法。

二、实训内容

1. 使用管理平台向"图书分类表""供应商表""出版社表""图书库存表"中添加数据，数据如表 4-5～表 4-8 所示。

表 4-5　图书分类表的数据

图书分类号	图书分类名称
fl01	计算机类
fl02	机械类
fl03	电子类
fl04	文学类
fl05	建筑类
fl06	经济类

表 4-6　供应商表的数据

供应商编号	供应商名称	所在城市	联系人	联系电话
gy01	新华书店	天津	刘　明	15840017896
gy02	文轩书店	上海	齐小寒	15100205641
gy03	博源惠达书店	大连	王陆军	13945678252
gy04	斯诺华教书店	广州	赵云和	13852152151
gy05	义博书店	沈阳	赵　森	13015234561
gy06	博库书店	北京	王万里	13113654563

表 4-7　出版社表的数据

出版社号	出版社名称	出版社地址	所在城市	邮政编码	联系电话
cb01	清华大学出版社	清华大学学研大厦 A 座	北京	100084	010-62770175
cb02	大连理工出版社	大连市软件园路 80 号	大连	116023	0411-84701466
cb03	吉林大学出版社	朝阳区明德路 421 号	长春	130000	0431-8499825
cb04	北京大学出版社	海淀区成府路 205 号	北京	116023	010-62752033
cb05	人民邮电出版社	成寿寺路 11 号	北京	116023	010-81055055
cb06	高等教育出版社	西城区德胜门大街 4 号	北京	116023	NULL

表 4-8　图书库存表的数据

图书编号	ISBN	图书名称	图书分类号	作者	版次	出版日期	库存数量	图书单价	出版社号
ts0001	9787302384649	SQL Server 2008 数据库应用与开发	fl01	姜桂波	一	2015.7	60	44.5	cb01

图书编号	ISBN	图书名称	图书分类号	作者	版次	出版日期	库存数量	图书单价	出版社号
ts0002	9787302336099	SQL Server 2008 数据库应用技术	fl01	凉爽	—	2016.1	100	29.0	cb01
ts0003	9787561184738	Access 数据库技术与应用项目化教程	fl01	屈武江	—	2014.10	500	38.8	cb02
ts0004	9787302355229	UG NX 机械结构设计仿真与优化	fl02	王卫兵	—	2014.10	100	39.8	cb01
ts0005	9787040432640	语言学经典精读	fl04	陈保亚	—	2016.3	100	78.0	cb06
ts0006	9787040456752	《红楼梦》赏析	fl04	孙玉明	—	2016.12	500	56.0	cb06
ts0007	9787040463972	建筑工程计量与计价	fl05	王海平	—	2016.10	56	40.0	cb06

2. 使用 SQL 语句向"客户表""入库单表""销售单表"中添加数据，数据如表 4-9～表 4-11 所示。

表 4-9　客户表的数据

客户编号	客户名称	性别	地址	联系电话
kh0001	李 强	男	辽宁大连软件园路 80 号	15689756231
kh0002	周海平	女	辽宁沈阳市和平区	13856298756
kh0003	曹植国	男	广东省广州市白云路 109 号	13840961125
kh0004	王小平	女	深圳市沈河区 23 号	13942562156
kh0005	从广周	男	辽宁省铁岭市银州区 56 号	15542659166

表 4-10　入库单表的数据

入库单号	图书编号	入库日期	购入数量	图书单价	供应商编号	经手人
rk0001	ts0001	2016.5	100	44.5	gy01	张强
rk0001	ts0002	2016.5	200	29.0	gy01	张强
rk0002	ts0003	2015.1	700	38.8	gy02	张强
rk0002	ts0004	2015.1	300	39.8	gy02	张强
rk0003	ts0005	2017.1	150	78.0	gy03	张强
rk0003	ts0006	2017.1	600	56.0	gy03	张强
rk0003	ts0007	2017.1	100	40.0	gy03	张强

表 4-11　销售单表的数据

销售单号	图书编号	销售日期	销售数量	销售单价	客户编号	经手人
xs0001	ts0001	2016.6	40	50.5	kh0001	周明
xs0002	ts0002	2016.7	100	35.8	kh0002	周明
xs0003	ts0003	2015.2	200	45.0	kh0003	周明
xs0003	ts0004	2015.2	200	45.0	kh0003	周明
xs0004	ts0005	2017.2	50	85.0	kh0004	周明
xs0004	ts0006	2017.2	100	60.0	kh0004	周明
xs0004	ts0007	2017.2	44	42.5	kh0004	周明

3. 使用管理平台将作者"姜桂波"的"SQL Server 2008 数据库应用与开发"图书的单价修改为 45 元。

4. 使用管理平台删除图书分类表中"经济类"的分类信息。

5. 使用 SQL 语句将所有图书的销售单价提高 0.5 元。

6. 使用 SQL 语句将图书编号为 ts0001 的图书的销售单价提高两元。

7. 使用 SQL 语句删除图书编号为 ts0007 的图书的销售信息。

8. 将"销售单表"中的数据导出为文本文件，文件名为 xiaoshoudan. txt。

9. 将"入库单表"中的数据导出为 Excel 文件，文件名为 rkdan. xls。

10. 将文件 rkdan. xls 中的数据导入 salarymanager 数据库的表 ruk 中。

11. 将文件 xiaoshoudan. txt 中的数据导入 salarymanager 数据库的表 xiaoshuo 中。

项 目 小 结

本项目详细介绍了使用 T-SQL 语句向数据表中插入数据、修改数据和删除数据的语法格式，并通过多个任务详解讲解了使用管理平台添加表数据、修改表数据、删除表数据的方法，以及使用 SQL 语句添加表数据、修改表数据、删除表数据的方法，讲解了不同类型数据文件之间的数据的导入和导出方法。本项目完成了学生管理系统数据的正确输入。

思考与练习

一、选择题

1. 在 T-SQL 语句中用于插入数据的命令是（　　）。
   A. UPDATE
   B. INSERT
   C. CREATE
   D. DELETE

2. 在 T-SQL 语句中用于更新数据的命令是（　　）。
   A. UPDATE
   B. INSERT
   C. CREATE
   D. DELETE

3. 在 T-SQL 语句中用于删除数据的命令是（　　）。
   A. UPDATE
   B. INSERT
   C. CREATE
   D. DELETE

4. 若将 SQL 数据库表中的数据导出为文本文件，在选择目标时应选择（　　）。
   A. 平面文件目标
   B. Microsoft Excel
   C. Microsoft Access
   D. SQL Server Native Client 11. 0

5. 若将 SQL 数据库表中的数据导出为 Excel 文件，在选择目标时应选择（　　）。
   A. 平面文件目标
   B. Microsoft Excel
   C. Microsoft Access
   D. SQL Server Native Client 11. 0

二、上机操作题（使用 Salarymanager 数据库）

1. 使用管理平台向部门表 department 中添加数据，数据如表 4-12 所示。

表 4-12　department 表的数据

dep_id	depname	telephone	fax
D001	财务部	0411-62539556	0411-62539556
D002	电气与信息工程系	0411-62539557	0411-62539557
D003	机械系	0411-62539558	0411-62539558
D004	建筑系	0411-62539559	0411-62539559

2. 使用 SQL 语句向员工表 employee 和工资表 salary 中添加数据，数据如表 4-13 和表 4-14 所示。

表 4-13　employee 表的数据

emp_id	empname	sex	ebirthday	dep_id	prof	phone	onjob
E00001	郭晓涛	男	1978-8-9	D001		13911234563	1
E00002	沈丽丽	女	1975-6-5	D001		13978625412	1
E00003	刘　波	女	1968-9-8	D002	教　授	13825641125	1
E00004	郭海波	女	1971-3-10	D002	副教授	13877896665	1
E00005	王立伟	男	1985-2-3	D002	讲　师	13891662541	1
E00006	孙丽丽	女	1982-11-12	D003	讲　师	13994501233	0
E00007	胡艳丽	女	1979-4-3	D004	副教授	13812012066	1
E00008	李建华	女	1976-10-13	D004	副教授	13643669788	0

表 4-14　salary 表的数据

emp_id	month	base	bonus	benefit	yfgz	insurance	tax	sfgz
E00001	2016.10	4000	500	200		400	23.5	
E00001	2016.11	4000	600	300		400	24.5	
E00001	2016.12	4000	650	300		400	24.75	
E00002	2016.10	4200	540	200		420	24.7	
E00002	2016.11	4200	550	300		420	25.25	
E00002	2016.12	4200	400	400		420	25	
E00003	2016.10	8200	800	200		820	46	
E00003	2016.11	8200	890	500		820	47.95	
E00003	2016.12	8200	740	350		820	46.45	
E00004	2016.10	7000	1000	224		700	41.12	
E00004	2016.11	7000	1100	350		700	42.25	
E00004	2016.12	7000	900	400		700	41.5	
E00005	2016.10	5000	880	560		500	32.2	
E00005	2016.11	5000	780	480		500	31.3	
E00005	2016.12	5000	685	880		500	32.8	
E00007	2016.10	6800	792	780		680	41.86	
E00007	2016.11	6800	689	456		680	38.35	
E00007	2016.12	6800	500	880		680	40.9	

3. 使用管理平台将员工 E00001 的 10 月份的奖金增加 100 元。

4. 使用管理平台删除员工"李建华"的信息。

5. 使用 SQL 语句将"2016.10"月份的奖金全部提高 100 元。

6. 使用 SQL 语句将员工 E00001 的"2016.10"月份的奖金降低 100 元。

7. 使用 SQL 语句删除员工"孙丽丽"的信息。

8. 将 employee 表中的数据导出为文本文件,文件名为 employee. txt。

9. 将 salary 表中的数据导出为 Excel 文件,文件名为 salary. xls。

10. 将文件 employee. txt 中的数据导入 salarymanager 数据库的表 emp 中。

11. 将文件 salary. xls 中的数据导入 salarymanager 数据库的表 sal 中。

学生管理系统表中数据的操作

项目 5　检索学生管理系统表中的数据

项 目 情 境

在数据库操作中,数据的统计、计算和检索是日常工作中经常使用的操作。现在学生管理系统的数据库已经基本建成,应该满足教师和学生提出的各种查询要求,如学生处要查询每届学生的相关信息,查询以往 3 届学生的生源情况;教务处要查询每个准毕业生的成绩情况,以进行学籍审核;教师要查询所上课程的情况,以填报工作量;学生要查询成绩情况,确定自己是否通过考试。要完成上述查询要求,需要使用数据查询语句。

学习重点与难点

➢ 掌握 SQL 语句的格式

➢ 掌握分组和汇总

➢ 掌握连接查询

➢ 掌握子查询

学习目标

➢ 能使用简单查询语句进行单表数据的检索

➢ 能使用分组和汇总检索数据

➢ 能使用连接查询进行多表数据的检索

➢ 能使用子查询进行数据检索,即嵌套查询

任 务 描 述

任务 1　使用简单查询语句进行单表数据的检索

任务 2　使用条件查询

任务 3　查询排序

任务 4　使用分组和汇总检索数据

任务 5　使用连接查询进行多表数据的检索

任务 6　使用子查询进行数据检索、插入、更新和删除

相 关 知 识

知识要点

➢ SELECT 语句的基本格式

➢ 多表连接查询

➢ 子查询

知识点 1 SELECT 语句的基本格式

SELECT 语句的语法结构如下：

```
SELECT [ALL | DISTINCT][TOP n] <选择列表>
[FROM] {<表或视图名>} [, …n]
[WHERE] <搜索条件>
[GROUP BY] {<分组表达式>}[, …n]
[HAVING] <分组条件>
[ORDER BY] {<字段名[ASC|DESC]>} [, …n]
```

说明如下：

- 用[ ]括起来的是可选项,SELECT 是必需的。
- 选择列表指定了要返回的列。
- WHERE 子句指定限制查询的条件。
- 在搜索条件中可以使用比较操作符、字符串、逻辑操作符来限制返回的行数。
- FROM 子句指定了所涉及的字段所属的表。
- DISTINCT 选项从结果集中消除了重复的行,TOP n 选项限定了要返回的行数。
- GROUP BY 子句是对结果集进行分组。
- HAVING 子句是在分组的时候对字段或表达式指定搜索条件。
- ORDER BY 子句对结果集按某种条件进行排序,ASC 升序(默认),DESC 降序。

知识点 2 多表连接查询

在关系型数据库管理系统中为了减少数据的冗余以及避免各种操作的异常,经常把一个实体的所有信息存放在一个表中,把相关数据分散到不同的表中。在检索数据时通过连接操作可以查询出存放在不同表中的实体的信息。

一般情况下,SQL 通过在 WHERE 条件中指定连接属性的匹配来实现连接操作,每两个参与连接的表需要指定一个连接条件,连接查询的结果为一个表,这使得用户能将连接结果再与其他表进行连接,从而实现多表之间的连接。

连接查询主要包括内连接、外连接、交叉连接。

1. 内连接

内连接是最常用的一种连接形式,两个表的内连接查询是指从两个表的相关字段中提取信息作为查询条件,如果满足条件就从两个表中选择相应信息置于查询结果集中。

内连接的语法格式如下(INNER 可以省略)：

```
SELECT 列名列表
FROM 表 1 [INNER] JOIN 表 2 ON 连接条件表达式
```

或

```
SELECT 列名列表
FROM 表 1 ,表 2
WHERE 连接条件表达式
```

2. 外连接

内连接返回查询结果集中仅包含满足连接条件和查询条件的行,而采用外连接时不仅会返回满足条件的结果,还会包含左表(左外连接)、右表(右外连接)或两个表(全外连接)中的所有数据行。

外连接分为 3 种,即左外连接、右外连接、全外连接。

① 左外连接:查询的结果集包含左表中的所有行,如果左表中的某行在右表中没有相匹配行,则在相关联的结果集中右表的所有选择列均为空值。其语法格式如下:

```
SELECT 列名列表
FROM 表 1 LEFT [OUTTER] JOIN 表 2 ON 连接条件表达式
```

② 右外连接:查询的结果集包含右表中的所有行,如果右表中的某行在左表中没有相匹配行,则在相关联的结果集中左表的所有选择列均为空值。其语法格式如下:

```
SELECT 列名列表
FROM 表 1 RIGHT[OUTTER] JOIN 表 2 ON 连接条件表达式
```

③ 全外连接:查询结果除了包含满足连接条件的记录外,还包含两个表中不满足条件的记录。当某行在另一个表中没有匹配行时,则另一个表的选择列均为空值。其语法格式如下:

```
SELECT 列名列表
FROM 表 1 FULL[OUTTER] JOIN 表 2 ON 连接条件表达式
```

3. 交叉连接

交叉连接就是将连接的两个表的所有行进行组合,即将左表中的每一行与右表中的所有行一一组合,结果集的列数为两个表列数的和,行数为两个表行数的乘积。其语法格式如下:

```
SELECT 列名列表
FROM 表 1 CROSS JOIN 表 2 ON 连接条件表达式
```

知识点 3　子查询

子查询是指包含在某个 SELECT、INSERT、UPDATE 或 DELETE 语句中的 SELECT 查询。部分子查询和连接查询是可以相互替代的,使用子查询也可以替代表达式。通过子查询可以把一个复杂的查询分解成一系列的简单查询,可以解决复杂的查询问题。

子查询也称为嵌套查询,分为相关子查询和非相关子查询两种。

1. 非相关子查询

非相关子查询的执行过程是从内层向外层处理,即先处理最内层的子查询,但是查询的结果是不会被显示出来的,而是传递给外层作为外层的条件,再执行外部查询,最后显示出查询结果。

如果子查询返回的结果是一个单一值,称为单值查询。单值查询可以直接使用关系运算符将内查询和外查询连接起来。

如果子查询返回的结果为一组值,称为多值查询,多值查询需要在子查询前使用 ANY、ALL、IN、NOT IN 等运算符。

- ANY:将一个表达式的值与子查询返回的一组值中的每一个值进行比较,只要有一个运算结果为 TRUE,则 ANY 测试返回 TRUE,如果每次比较的结果都为 FALSE,则 ANY 测试返回 FALSE。
- ALL:将一个表达式的值与子查询返回的一组值中的每一个值进行比较。若每次比较的结果都为 TRUE,则 ALL 测试返回 TRUE,只要有一次比较结果为 FALSE,则 ALL 测试返回 FALSE。

2. 相关子查询

相关子查询的执行过程是子查询为外部查询的每一行执行一次,外部查询将子查询引用的外部字段的值传给子查询,进行子查询操作;外部查询根据子查询得到的结果或结果集返回满足条件的结果行。外部查询的每一行都做相同处理。外部查询每执行一行,内部查询都要从头执行到尾。其类似于编程语言的嵌套循环。

在一般情况下,包含子查询的查询语句可以写成连接查询的方式。在有些方面,连接的性能要优于子查询,原因是连接不需要查询优化器执行排序等额外的操作。

用户在使用子查询时应该注意以下事项:

① 子查询需要用括号括起来。

② 当需要返回一个值或一个值列表时可以利用子查询代替一个表达式,也可以利用子查询返回含有多个列的结果集代替和连接操作相同的功能。

③ 子查询中可以再包含子查询,嵌套层数可以达到 16 层。

任务 1　使用简单查询语句进行单表数据的检索

■ **任务分析**

学生管理系统已经建成,现在学生处提出对学生的一些信息进行查询的要求,本任务将按照学生处提出的不同查询要求完成学生的基本信息的查询。

◆ **任务实施**

子任务 1　检索学生的基本信息

查询全部列时可以使用"*",也可以依次列出所有字段信息,各字段名称之间用逗号分开。

【步骤 1】启动 SSMS,单击工具栏上的"新建查询"按钮,打开一个空白的 .sql 文件,输入以下 SQL 语句:

检索学生管理系统表中的数据

SELECT * FROM student

【步骤 2】单击 ☑ 按钮执行语法检查，语法检查通过之后单击"执行"按钮执行 SQL 语句。

【步骤 3】在"结果"选项卡中显示执行结果，如图 5-1 所示。

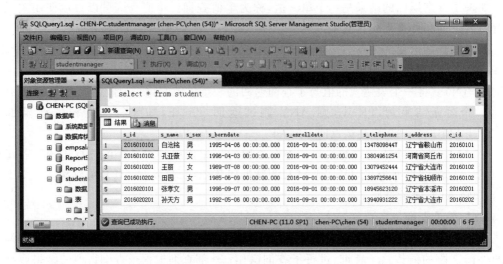

图 5-1　检索学生的基本信息

说明：

① 用户可以通过"*"获取数据表中所有列的信息，而不必指明各列的列名，显示结果的顺序与表中原来的顺序一致。

② 在查询时一定要选择可用数据库，如图 5-2 所示。如果不选择数据库，可以在语句前加上"USE 数据库名"。

图 5-2　选择可用数据库

子任务 2　检索学生的学号、姓名、电话号码

用户在查询数据时往往只关心某些列，这时可以指定查询某几列的信息，列名之间用逗号分开。

【步骤 1】启动 SSMS，单击工具栏上的"新建查询"按钮，打开一个空白的.sql 文件，输入以下 SQL 语句：

SELECT s_id,s_name,s_telephone
FROM student

【步骤 2】单击 ☑ 按钮执行语法检查，语法检查通过之后单击"执行"按钮执行 SQL 语句。

【步骤 3】在"结果"选项卡中显示执行结果，如图 5-3 所示。

图 5-3　检索学生的学号、姓名、电话号码

子任务3　检索学生的学号、姓名、电话号码,结果中要显示列名学号、姓名、电话号码

在上一个子任务的检索结果中的字段名是数据表中的字段名,这样的名称用户看不懂,因此需要指定一个用户可以理解的别名。

【步骤1】启动SSMS,单击工具栏上的"新建查询"按钮,打开一个空白的.sql文件,输入以下SQL语句:

```
SELECT s_id AS 学号,s_name AS 姓名,s_telephone AS 电话号码
FROM student
```

【步骤2】单击 ✓ 按钮执行语法检查,语法检查通过之后单击"执行"按钮执行SQL语句。

【步骤3】在"结果"选项卡中显示执行结果,如图5-4所示。

说明:

① 当要改变结果集中列的名称时需要给列一个别名;组合或者计算出的列默认无列名,需要给定一个别名。

② 给列指定别名的方法有以下几种:

* 列名或表达式 AS 别名
* 列名或表达式　　别名
* 别名＝列名或表达式

③ 当别名中间有空格时别名需要用单引号引起来。例如"SELECT s_id AS '学号' FROM student"。

检索学生管理系统表中的数据

图 5-4 改变显示结果中的列名

子任务 4 检索学生的学号、姓名及年龄

年龄在学生表中不存在,但是学生表中存在出生日期,根据出生日期可以计算出年龄。

【步骤 1】启动 SSMS,单击工具栏上的"新建查询"按钮,打开一个空白的.sql 文件,输入以下 SQL 语句:

```
SELECT s_id ,s_name ,YEAR(GETDATE()) - YEAR(s_borndate) AS age
FROM student
```

【步骤 2】单击 ☑ 按钮执行语法检查,语法检查通过之后单击"执行"按钮执行 SQL 语句。

【步骤 3】在"结果"选项卡中显示执行结果,如图 5-5 所示。

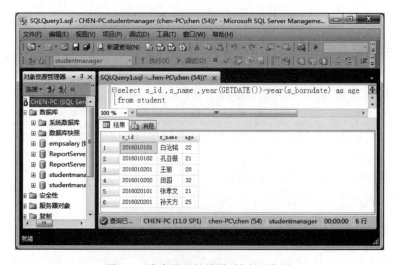

图 5-5 检索学生的学号、姓名及年龄

说明：GETDATE()为日期时间函数，功能是获得当前系统的日期和时间；YEAR()函数的功能是获得日期时间数据中的年。常用的日期时间函数如表 5-1 所示。

表 5-1　常用的日期时间函数

函　数　名	功　　　能
GETDATE(date)	获取系统当前的日期和时间
YEAR(date)	获取指定日期中的年份，返回值为整数
MONTH(date)	获取指定日期中的月份，返回值为整数
DAY(date)	获取指定日期中的日，返回值为整数
DATENAME(part,date)	返回指定日期的指定部分的字符串表示
DATEPART(part,date)	返回指定日期的指定部分的整数表示
DATEADD(unit,n,date)	在 date 的基础上增加 n，n 加在哪一部分上由 unit 决定
DATEDIFF(unit,date1,date2)	以 unit 为单位计算 date1 和 date2 之间的差值

例：DATENAME(year,getdate())表示从当前日期中获取年。

DATEADD(dd,1,'1978-1-3')表示把 1 加到日期数据中的年上，结果为'1979-1-3'。

DATEDIFF(yy,'1978-1-1','1979-2-3')得到的结果为 1。

unit 表示日期时间函数的缩写，具体如表 5-2 所示。

表 5-2　常见日期时间函数的缩写

缩　写	含　义	取值范围
yy	年	1753～9999
mm	月	1～12
dy	一年中的第几天	1～366
dd	一月中的几号	1～31
qq	季度	1～4
wk	一年的第几周	1～53
dw	一周中的星期几	1～7
hh	小时	0～23
mi	分钟	0～59
ss	秒	0～59

子任务 5　检索学生所属的班级

由于一个班级有多个学生，所以在学生表中检索学生所属的班级会出现重复的班级编号，需要使用 DISTINCT 关键字从返回结果中去掉重复行，使结果集更清晰。

【步骤 1】启动 SSMS，单击工具栏上的"新建查询"按钮，打开一个空白的 .sql 文件，输入以下 SQL 语句：

```
SELECT DISTINCT c_id FROM student
```

【步骤 2】单击 ☑ 按钮执行语法检查，语法检查通过之后单击"执行"按钮执行 SQL 语句。

【步骤 3】在"结果"选项卡中显示执行结果，如图 5-6 所示。

说明：DISTINCT 用来去掉重复行，如果后面有多个字段，必须都对应相等才会被去掉。

小组活动：

① 查询全体教师的详细信息。

② 查询全体教师的教师号和姓名。

③ 查询讲授了课程的教师的教师号。

④ 查询教师所属的部门。

⑤ 查询教师的工龄。

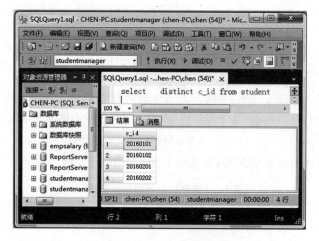

图 5-6　检索学生所属的班级

任务 2　使用条件查询

■ 任务分析

数据表存在大量信息，在实际应用中一般只需要查询满足条件的部分数据，这就要用到 WHERE 子句。WHERE 子句可以限制查询的范围，提高查询效率。

WHERE 子句的查询条件或限定条件中一定会用到比较运算符、空值判断符、模式匹配符、范围运算符、列表运算符和逻辑运算符，如表 5-3 所示。

表 5-3　常用的运算符

运算符类型	运算符	说明
比较运算符	=、>、<、>=、<=、<>、!=	比较两个表达式的大小
空值判断符	IS NULL、IS NOT NULL	判断是否为空
模式匹配符	LIKE、NOT LIKE	判断是否与指定的字符串匹配
范围运算符	BETWEEN AND、NOT BETWEEN AND	判断表达式的值是否在某范围内
列表运算符	IN( )、NOT IN( )	判断表达式的值是否在列表中
逻辑运算符	AND、OR、NOT	用于多个条件的连接

◆ **任务实施**

子任务1 检索所有男生的学号、姓名、出生日期

【步骤1】启动 SSMS，单击工具栏上的"新建查询"按钮，打开一个空白的.sql 文件，输入以下 SQL 语句：

```
SELECT s_id,s_name ,s_borndate
fROM student
wHERE s_sex = '男'
```

【步骤2】单击 ☑ 按钮执行语法检查，语法检查通过之后单击"执行"按钮执行 SQL 语句。

【步骤3】在"结果"选项卡中显示执行结果，如图 5-7 所示。

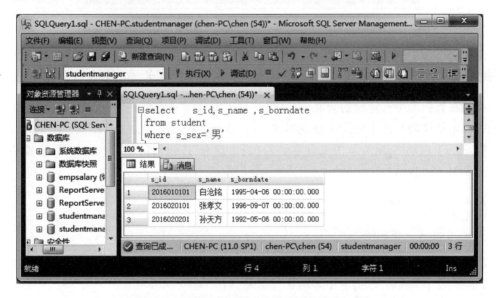

图 5-7　检索所有男生的学号、姓名、出生日期

子任务2 检索所有年龄大于22岁的学生的学号和姓名

【步骤1】启动 SSMS，单击工具栏上的"新建查询"按钮，打开一个空白的.sql 文件，输入以下 SQL 语句：

```
SELECT s_id,s_name
FROM student
WHERE year(GETDATE()) − YEAR(s_borndate)> 22
```

【步骤2】单击 ☑ 按钮执行语法检查，语法检查通过之后单击"执行"按钮执行 SQL 语句。

【步骤3】在"结果"选项卡中显示执行结果，如图 5-8 所示。

检索学生管理系统表中的数据

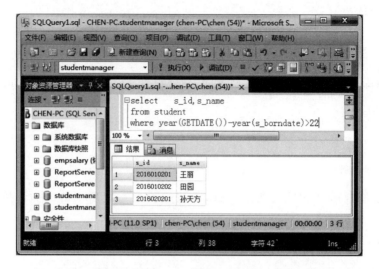

图 5-8 检索所有年龄大于 22 岁的学生的学号和姓名

子任务 3 检索没有填写家庭住址的学生的学号和姓名

空值在数据库中有特殊的含义,它并不等同于 0 或空格,表示暂时是个不确定的值,因此在查询中空值的判断不能用等号或不等号,而要使用 IS NULL 或者 IS NOT NULL。

【步骤 1】启动 SSMS,单击工具栏上的"新建查询"按钮,打开一个空白的 .sql 文件,输入以下 SQL 语句:

```
SELECT s_id,s_name
FROM student
WHERE s_address IS NULL
```

【步骤 2】单击 ✓ 按钮执行语法检查,语法检查通过之后单击"执行"按钮执行 SQL 语句。

【步骤 3】在"结果"选项卡中显示执行结果,如图 5-9 所示。

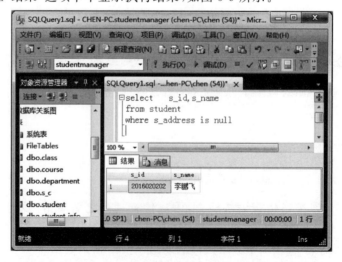

图 5-9 检索没有填写家庭住址的学生的学号和姓名

说明：如果查询不为空则使用 IS NOT NULL，例如查询家庭住址不为空的学生的学号和姓名，则语句为"SELECT   s_id,s_name FROM student WHERE s_address IS NOT NULL"，而不能使用其他形式。

子任务 4   检索所有姓"张"的学生的学号和姓名

在实际查询中有时不是非常具体的查询条件，而需要模糊查询需要的信息，例如查询学生表中姓"张"的学生的信息，不是具体的姓名，这时需要在 WHERE 子句中使用 LIKE 关键字实现模糊查询。

LIKE 关键字用于查询与指定的字符串表达式相匹配的数据。LIKE 后面的表达式必须用单引号括起来，在进行模糊匹配时要使用通配符。常用的通配符如表 5-4 所示。

表 5-4   通配符及含义

通配符	含　义
%	任意多个字符(包括 0 个)
_	任意一个字符
[]	指定范围内的单个字符,如[a-d]表示 a、b、c、d 中的任意一个字符
[^]	不在指定范围内的单个字符,如[^a-d]表示 a、b、c、d 之外的任意一个字符

例如：LIKE 'a%'表示以 a 开头的任意字符串；

LIKE '%a%'表示包含 a 的任意字符串；

LIKE 'a_'表示以 a 开头、后面是一个字符的字符串；

LIKE '[a,b,c,d]%'表示以 a、b、c、d 中的任意一个字符开头的任意字符串；

LIKE 'a[^b]%'表示以 a 开头、第二个字符不是 b 的任意字符串。

【步骤 1】启动 SSMS，单击工具栏上的"新建查询"按钮，打开一个空白的.sql 文件，输入以下 SQL 语句：

```
SELECT s_id,s_name
FROM student
WHERE s_name LIKE '张%'
```

【步骤 2】单击 ☑ 按钮执行语法检查，语法检查通过之后单击"执行"按钮执行 SQL 语句。

【步骤 3】在"结果"选项卡中显示执行结果，如图 5-10 所示。

子任务 5   检索不姓"张"也不姓"孙"的学生的学号和姓名

【步骤 1】启动 SSMS，单击工具栏上的"新建查询"按钮，打开一个空白的.sql 文件，输入以下 SQL 语句：

```
SELECT s_id,s_name
FROM student
WHERE s_name NOT LIKE '[张孙]%'
```

检索学生管理系统表中的数据

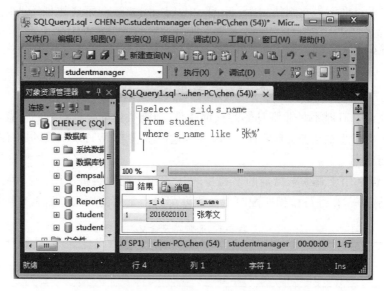

图 5-10 检索所有姓"张"的学生的学号和姓名

【步骤 2】单击 ☑ 按钮执行语法检查,语法检查通过之后单击"执行"按钮执行 SQL 语句。

【步骤 3】在"结果"选项卡中显示执行结果,如图 5-11 所示。

说明:也可以使用下面的语句来检索。

```
SELECT s_id,s_name FROM student
WHERE s_name LIKE '[^张孙]%'
```

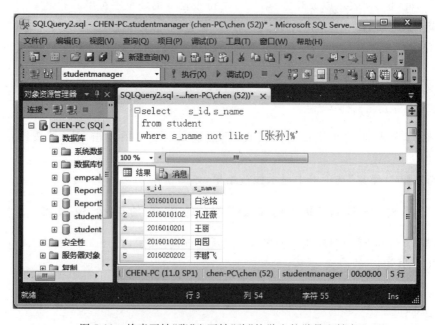

图 5-11 检索不姓"张"也不姓"孙"的学生的学号和姓名

子任务6 检索年龄大于22岁的男生的学号和姓名

当有多个条件时需要在 WHERE 子句中用逻辑运算符将多个条件连接起来,常用的逻辑运算符有 AND、OR、NOT。AND 运算符表示逻辑"与",只有连接的两个条件都为真时结果才为真;OR 运算符表示逻辑"或",连接的两个条件只要有一个为真结果就为真;NOT 运算符表示逻辑"非",表示对后面的条件取反。本任务的两个条件为同时成立,所以使用 AND 连接。

【步骤1】启动 SSMS,单击工具栏上的"新建查询"按钮,打开一个空白的.sql 文件,输入以下 SQL 语句:

```
SELECT s_id, s_name
FROM student
WHERE s_sex = '男' AND YEAR(GETDATE()) - YEAR(s_borndate )>22
```

【步骤2】单击 ✓ 按钮执行语法检查,语法检查通过之后单击"执行"按钮执行 SQL 语句。

【步骤3】在"结果"选项卡中显示执行结果,如图 5-12 所示。

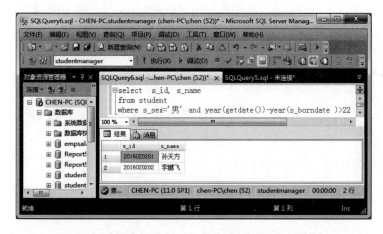

图 5-12　检索年龄大于 22 岁的男生的学号和姓名

子任务7 检索性别为男或职称为副教授的教师的姓名、性别和职称

本子任务的两个条件只要有一个成立就可以,所以使用 OR 来连接。

【步骤1】启动 SSMS,单击工具栏上的"新建查询"按钮,打开一个空白的.sql 文件,输入以下 SQL 语句:

```
SELECT t_name, t_sex, t_professor
FROM teacher
WHERE t_sex = '男' OR t_professor = '副教授'
```

【步骤2】单击 ✓ 按钮执行语法检查,语法检查通过之后单击"执行"按钮执行 SQL 语句。

【步骤3】在"结果"选项卡中显示执行结果,如图 5-13 所示。

检索学生管理系统表中的数据

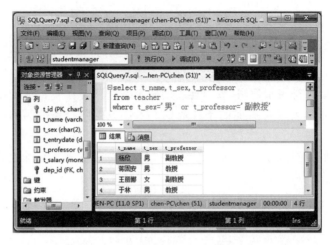

图 5-13　检索性别为男或职称为副教授的教师的姓名、性别和职称

子任务 8　检索年龄在 22～25 岁的学生的学号和姓名

在某个范围内检索可以使用 BETWEEN…AND,该语句一般用于比较数值类型的数据,BETWEEN 后面是范围的下限,AND 后面是范围的上限,下限值不能大于上限值,检索范围包括边界。

【步骤 1】启动 SSMS,单击工具栏上的"新建查询"按钮,打开一个空白的.sql 文件,输入以下 SQL 语句:

```
SELECT s_id,s_name
FROM student
WHERE YEAR(GETDATE())-YEAR(s_borndate) BETWEEN 22 AND 25
```

【步骤 2】单击 ✓ 按钮执行语法检查,语法检查通过之后单击"执行"按钮执行 SQL 语句。

【步骤 3】在"结果"选项卡中显示执行结果,如图 5-14 所示。

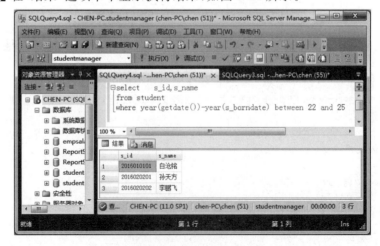

图 5-14　检索年龄在 22～25 岁的学生的学号和姓名

说明：

① 用 BETWEEN…AND 连接的条件也可以写成用 AND 连接的两个条件，如年龄在 22～25 岁可以写成："WHERE YEAR(GETDATE())-YEAR(s_borndate)>=22"。AND YEAR(GETDATE())－YEAR(s_borndate)<=25

② 检索不在某个范围内的数据使用 NOT BETWEEN AND，例如检索年龄不在 22～25 岁，语句为："WHERE YEAR(GETDATE())-YEAR(s_borndate) NOT BETWEEN 22 AND 25"。

子任务9 检索学号为 2016010101、2016010201 和 2016020201 的学生的姓名

在 WHERE 子句中可以使用 IN 搜索条件检索指定列表值的匹配行，多个值之间用逗号分开。

【步骤1】启动 SSMS，单击工具栏上的"新建查询"按钮，打开一个空白的 .sql 文件，输入以下 SQL 语句：

```
SELECT s_name
FROM student
WHERE s_id IN('2016010101','2016010201','2016020201')
```

【步骤2】单击 ✓ 按钮执行语法检查，语法检查通过之后单击"执行"按钮执行 SQL 语句。

【步骤3】在"结果"选项卡中显示执行结果，如图 5-15 所示。

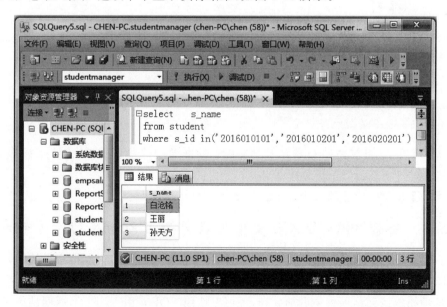

图 5-15　检索学号为 2016010101、2016010201 和 2016020201 的学生的姓名

注意：使用 IN 搜索条件相当于用 OR 连接的多个比较条件，例如本子任务也可以用下面的语句来完成。

检索学生管理系统表中的数据

```
SELECT s_name
FROM student
WHERE s_id = '2016010101' OR s_id = '2016010201' OR s_id = '2016020201'
```

小组活动：

① 查询所有男生的信息。

② 查询所有成绩大于 80 分的学生的学号和选修课程号。

③ 查询所有成绩不及格的学生的学号。

④ 查询不是教授和副教授的所有教师的个人信息。

⑤ 查询姓名中第 2 个字为"沧"的学生的个人信息。

⑥ 查询姓"白"、姓"田"和姓"王"的学生的信息。

任务3　查询排序

■ 任务分析

检索到的数据在输出时往往是按照表中数据的顺序进行输出，而在实际中往往需要按照某个字段升序或降序排列后再输出，这就需要使用排序子句 ORDER BY。排序可以依照某个列的值，若列值相等则根据第 2 个列的值，依此类推。

◆ 任务实施

子任务1　检索学生的学号、姓名和出生日期，结果按出生日期降序排列

【步骤1】启动 SSMS，单击工具栏上的"新建查询"按钮，打开一个空白的 .sql 文件，输入以下 SQL 语句：

```
SELECT s_id, s_name, s_borndate
FROM student
ORDER BY s_borndate DESC
```

【步骤2】单击 ✓ 按钮执行语法检查，语法检查通过之后单击"执行"按钮执行 SQL 语句。

【步骤3】在"结果"选项卡中显示执行结果，如图 5-16 所示。

子任务2　检索 0003 号课程成绩排在前两名的学生的学号和成绩

该子任务首先要选出选修 0003 号课程的学生的学号和分数，再对检索出的结果按分数由高到低排序，然后从排序的结果中选出前两行。用户可以通过在 SELECT 后面加上 TOP n 选项指定返回结果集中的前 n 行，也可以使用 TOP n PERCENT 返回结果集的前百分之 n 行的数据。

【步骤1】启动 SSMS，单击工具栏上的"新建查询"按钮，打开一个空白的 .sql 文件，输入以下 SQL 语句：

图 5-16　检索学生的学号、姓名和出生日期，结果按出生日期降序排列

```
SELECT TOP 2 s_id, result
FROM s_c
WHERE course_id = '0003'
ORDER BY result DESC
```

【步骤 2】单击 ☑ 按钮执行语法检查，语法检查通过之后单击"执行"按钮执行 SQL 语句。

【步骤 3】在"结果"选项卡中显示执行结果，如图 5-17 所示。

图 5-17　检索 0003 号课程成绩排在前两名的学生的学号和成绩

检索学生管理系统表中的数据

注意：在使用 ORDER BY 子句进行排序时需要注意以下事项和原则。

① 在默认情况下结果集按照升序排列，也可以在列名后加上 DESC 实现降序排列。

② ORDER BY 子句包含的列并不一定出现在 SELECT 选择列表中。

③ ORDER BY 后可以为列名，也可以为函数或表达式。

④ ORDER BY 后的列的数据类型不可以是 text、ntext、image。

⑤ 在使用 ORDER BY 进行排序时空值被认为是最小值。

⑥ ORDER BY 后可以加多个列名，列名之间用逗号分开，但是排序方式必须分别加，如按照性别降序，再按学号升序，语句为"ORDER BY s_sex desc,s_id "。

小组活动：

① 查询全体学生的情况，结果按所在班级升序排列，同一班级的按出生日期升序排列。

② 查询教师信息，结果按教师的年龄降序排列。

③ 查询年龄在前 5 位的教师的信息。

任务4　使用分组和汇总检索数据

■ 任务分析

在实际应用中检索并不是简单的查询，而是要对数据表中的数据进行统计工作，比如学生处要统计全校男、女生人数，这就需要进行分组汇总。分组需要使用 GROUP BY 子句，在进行汇总时需要使用聚合函数，聚合函数能够基于列进行计算，并返回单个数值，常用的聚合函数有 SUM、AVG、MAX、MIN、COUNT，如表 5-5 所示。

表 5-5　常用的聚合函数

聚合函数名	说　　明
SUM()	计算列值或表达式中所有值的总和
AVG()	计算列值或表达式的平均值
MAX()	计算列值或表达式的最大值
MIN()	计算列值或表达式的最小值
COUNT()	统计记录个数

注意：SUM 和 AVG 后的列或表达式的值必须为数值型；除了 COUNT 函数之外，如果没有满足 WHERE 子句的行，所有聚合函数都将返回一个空值，而 COUNT 返回的是 0。

◆ 任务实施

子任务1　检索每个学生的总成绩，结果显示学号和总成绩

如果要检索每个学生的总成绩，需要对成绩表按照学号进行分组，把相同学号的放在一起再进行成绩汇总。

【步骤 1】启动 SSMS，单击工具栏上的"新建查询"按钮，打开一个空白的.sql 文件，输入以下 SQL 语句：

```
SELECT s_id 学号,SUM(result) AS 总成绩
FROM s_c
```

```
GROUP BY s_id
```

【步骤2】单击 ☑ 按钮执行语法检查,语法检查通过之后单击"执行"按钮执行 SQL 语句。

【步骤3】在"结果"选项卡中显示执行结果,如图5-18所示。

图5-18　检索每个学生的总成绩,结果显示学号和总成绩

注意:GROUP BY 子句将查询结果按照某一列或多列值分组,分组列值相等的为一组,并对每一组进行统计。如果一个查询中使用了 GROUP BY,则查询结果列表中要么是分组依据的列名,要么是使用聚合函数的列。

子任务2　检索每门课程的平均分,结果显示课程号和平均分

如果要检索每门课程的平均分,需要对成绩表按照课程号进行分组,把相同课程放在一起再进行平均分汇总。

【步骤1】启动 SSMS,单击工具栏上的"新建查询"按钮,打开一个空白的.sql 文件,输入以下 SQL 语句:

```
SELECT course_id 课程号,AVG(result) AS 平均分
FROM s_c
GROUP BY course_id
```

【步骤2】单击 ☑ 按钮执行语法检查,语法检查通过之后单击"执行"按钮执行 SQL 语句。

【步骤3】在"结果"选项卡中显示执行结果,如图5-19所示。

子任务3　检索0003号课程的最高成绩和最低成绩

MAX()返回表达式中的最大值,MIN()返回表达式中的最小值,这两个函数不仅可以

127

项目
5

检索学生管理系统表中的数据

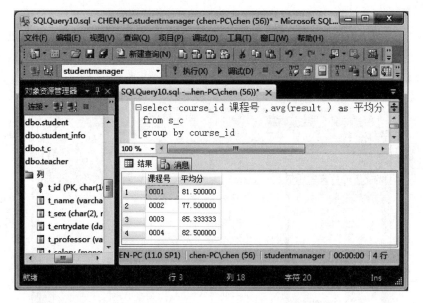

图 5-19　检索每门课程的平均分,结果显示课程号和平均分

用于数值类型数据,也可以用于字符型和日期时间类型的值。

【步骤 1】启动 SSMS,单击工具栏上的"新建查询"按钮,打开一个空白的 .sql 文件,输入以下 SQL 语句:

```
SELECT MAX(result) 最高成绩,MIN(result) 最低成绩
FROM s_c
WHERE course_id = '0003'
```

【步骤 2】单击 ✓ 按钮执行语法检查,语法检查通过之后单击"执行"按钮执行 SQL 语句。

【步骤 3】在"结果"选项卡中显示执行结果,如图 5-20 所示。

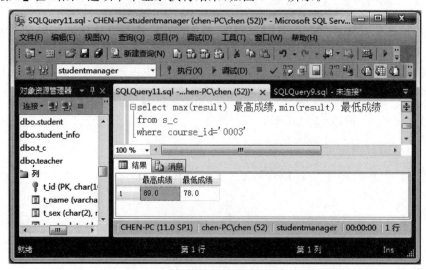

图 5-20　检索 0003 号课程的最高成绩和最低成绩

子任务4　检索男、女生人数

统计个数需要使用 COUNT() 函数。COUNT 有两种形式,COUNT(＊)用于计算表中总的行数,不管某列是否有数值;COUNT(列名)用于计算指定列的值个数,在计算时忽略列值为空的行。

【步骤1】启动 SSMS,单击工具栏上的"新建查询"按钮,打开一个空白的.sql 文件,输入以下 SQL 语句:

```
SELECT s_sex 性别 ,COUNT( ＊ ) 人数
FROM student
GROUP BY s_sex
```

【步骤2】单击 ✓ 按钮执行语法检查,语法检查通过之后单击"执行"按钮执行 SQL 语句。

【步骤3】在"结果"选项卡中显示执行结果,如图 5-21 所示。

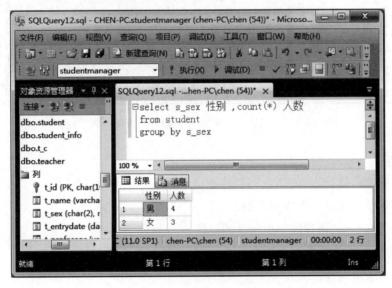

图 5-21　检索男、女生人数

子任务5　检索平均分大于85分的课程的课程号和平均分

当选择条件中包含聚合函数时必须使用 HAVING 子句,而 HAVING 子句必须与 GROUP BY 子句一起使用,用来对分组之后的结果进行筛选。

HAVING 子句与 WHERE 子句的功能有些类似,两者的区别在于 HAVING 子句中可以包含聚合函数,而 WHERE 子句不可以;WHERE 子句的条件在分组之前执行,HAVING 子句的条件在分组之后执行。

【步骤1】启动 SSMS,单击工具栏上的"新建查询"按钮,打开一个空白的.sql 文件,输入以下 SQL 语句:

```
SELECT course_id 课程号 ,AVG(result) 平均分
```

```
FROM s_c
GROUP BY course_id HAVING AVG(result)>85
```

【步骤 2】单击 ✓ 按钮执行语法检查,语法检查通过之后单击"执行"按钮执行 SQL 语句。

【步骤 3】在"结果"选项卡中显示执行结果,如图 5-22 所示。

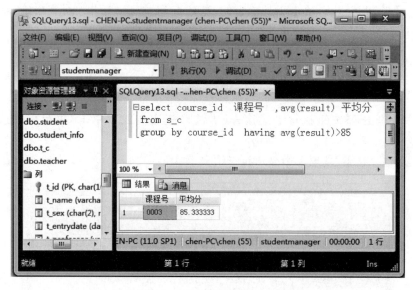

图 5-22　检索平均分大于 85 分的课程的课程号和平均分

小组活动:

① 查询学生总数。

② 查询选修了课程的学生的人数。

③ 查询选修 0001 课程的学生的平均成绩。

④ 查询选修 0002 课程的学生的最高分、最低分和总成绩。

⑤ 统计各班级人数。

⑥ 统计学生数据表中 20160101 班的男、女生人数。

⑦ 统计各部门的教师总人数。

⑧ 查询各门课程的选课人数。

⑨ 查询选修了两门以上课程的学生的学号。

任务 5　使用连接查询进行多表数据的检索

■ **任务分析**

查询不仅可以在一个表上进行,也可以在多个表上进行。实际上,一个查询的相关数据往往存储在不同的表中,这样的查询同时涉及两个或两个以上的表,这就要使用连接查询。例如要查询学生的姓名和他所在的班级名就要使用学生表和班级表两个表。

◆ **任务实施**

子任务1 检索学生的学号、姓名和所在班级名

【步骤1】启动 SSMS,单击工具栏上的"新建查询"按钮,打开一个空白的.sql 文件,输入以下 SQL 语句:

```
SELECT s_id,s_name ,c_name
FROM student JOIN class ON student.c_id = class.c_id
```

【步骤2】单击 ☑ 按钮执行语法检查,语法检查通过之后单击"执行"按钮执行 SQL 语句。

【步骤3】在"结果"选项卡中显示执行结果,如图5-23所示。

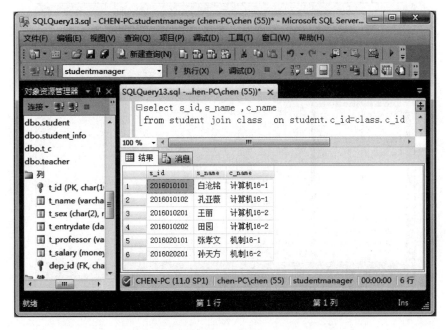

图5-23 检索学生的学号、姓名和所在班级名

说明:子任务1也可以使用下面的语句完成。

```
SELECT s_id,s_name ,c_name
FROM student , class
WHERE student.c_id = class.c_id
```

子任务2 检索选修"数据库原理及应用"课程的学生的姓名和成绩

【步骤1】启动 SSMS,单击工具栏上的"新建查询"按钮,打开一个空白的.sql 文件,输入以下 SQL 语句:

```
SELECT s_name ,result
FROM student JOIN s_c ON student.s_id = s_c.s_id
    JOIN course ON s_c.course_id = course.course_id
```

检索学生管理系统表中的数据

```
WHERE course_name = '数据库原理及应用'
```

或

```
SELECT s_name , result
FROM student , s_c , course
WHERE student.s_id = s_c.s_id
      AND s_c.course_id = course.course_id
      AND course_name = '数据库原理及应用'
```

【步骤 2】单击 ☑ 按钮执行语法检查,语法检查通过之后单击"执行"按钮执行 SQL 语句。

【步骤 3】在"结果"选项卡中显示执行结果,如图 5-24 所示。

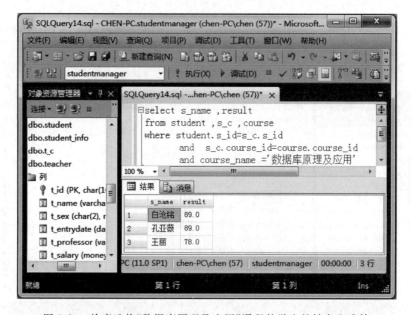

图 5-24　检索选修"数据库原理及应用"课程的学生的姓名和成绩

说明:可以为连接查询的表指定别名,以简化语句的书写,为表加别名的语法格式如下。

表名[AS]别名

例如子任务 2 的语句可写成:

```
SELECT s_name , result
FROM student AS a , s_c AS b , course AS c
WHERE a.s_id = b..s_id AND b.course_id = c.course_id
AND course_name = '数据库原理及应用'
```

子任务 3　查询每门课程的课程号、任课教师姓名及其选课人数

【步骤 1】启动 SSMS,单击工具栏上的"新建查询"按钮,打开一个空白的.sql 文件,输入以下 SQL 语句:

```
SELECT a. course_id 课程号 , t_name 教师姓名,COUNT( * ) 选课人数
FROM s_c a JOIN t_c b ON a. course_id = b. course_id
        JOIN teacher c ON b. t_id = c. t_id
GROUP BY a. course_id , t_name
```

或

```
SELECT a. course_id 课程号 , t_name 教师姓名,COUNT( * ) 选课人数
FROM s_c a , t_c b , teacher c
WHERE b. t_id = c. t_id AND a. course_id = b. course_id
GROUP BY a. course_id , t_name
```

【步骤2】单击 ✔ 按钮执行语法检查,语法检查通过之后单击"执行"按钮执行 SQL 语句。

【步骤3】在"结果"选项卡中显示执行结果,如图 5-25 所示。

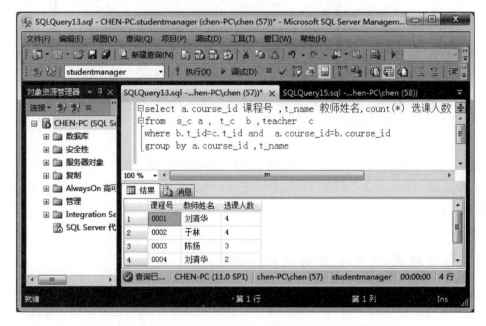

图 5-25　查询每门课程的课程号、任课教师姓名及其选课人数

说明:

① 当使用两个表中同名的列时应在列名前加上表名,格式为"表名. 列名",如果已经给表指定了别名,则必须使用别名,格式为"表别名. 列名"。

② 这里分组后面出现两个列,表示这两个列值都对应相同的放在一组中。

子任务4　检索与"王丽"同一班级的学生的姓名

【步骤1】启动 SSMS,单击工具栏上的"新建查询"按钮,打开一个空白的. sql 文件,输入以下 SQL 语句:

```
SELECT b. s_name
FROM student a JOIN student b ON a. c_id = b. c_id
```

WHERE a.s_name = '王丽' AND b.s_name <> '王丽'

【步骤 2】单击 ✓ 按钮执行语法检查,语法检查通过之后单击"执行"按钮执行 SQL 语句。

【步骤 3】在"结果"选项卡中显示执行结果,如图 5-26 所示。

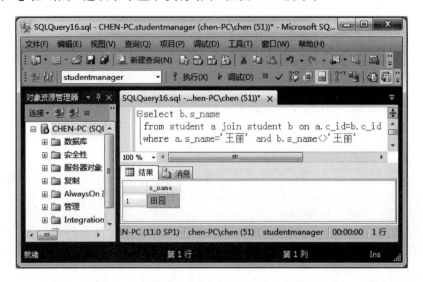

图 5-26　检索与"王丽"同一班级的学生的姓名

说明:连接操作不仅可以在不同的表上进行,还可以在同一张表上进行自连接。自连接可以看作是一张表的两个副本之间进行的连接,所以在使用时一定要给两个表定义两个不同的别名。在生成自连接时会生成重复的记录,可以用 where 子句来消除这些重复记录。

子任务 5　检索所有学生的成绩情况

内连接保证结果集显示的记录都要满足连接条件,但是该子任务要查询所有学生的成绩,如果某学生没有选修课程,那么他的成绩信息都应该为空,这时就要使用外连接。

【步骤 1】启动 SSMS,单击工具栏上的"新建查询"按钮,打开一个空白的.sql 文件,输入以下 SQL 语句:

```
SELECT * FROM student LEFT JOIN s_c ON student.s_id = s_c.s_id
```

【步骤 2】单击 ✓ 按钮执行语法检查,语法检查通过之后单击"执行"按钮执行 SQL 语句。

【步骤 3】在"结果"选项卡中显示执行结果,如图 5-27 所示。

子任务 6　检索所有课程的选修情况

【步骤 1】启动 SSMS,单击工具栏上的"新建查询"按钮,打开一个空白的.sql 文件,输入以下 SQL 语句:

```
SELECT * FROM s_c RIGHT JOIN course ON s_c.course_id = course.course_id
```

	s_id	s_name	s_sex	s_borndate	s_enrolldate	s_telephone	s_address	c_id	s_id	course_id	result
1	2016010101	白沧铭	男	1995-04-06 00:00:00.000	2016-09-01 00:00:00.000	13478098447	辽宁省鞍山市	20160101	2016010101	0001	90.0
2	2016010101	白沧铭	男	1995-04-06 00:00:00.000	2016-09-01 00:00:00.000	13478098447	辽宁省鞍山市	20160101	2016010101	0002	85.0
3	2016010101	白沧铭	男	1995-04-06 00:00:00.000	2016-09-01 00:00:00.000	13478098447	辽宁省鞍山市	20160101	2016010101	0003	89.0
4	2016010102	孔亚薇	女	1996-04-03 00:00:00.000	2016-09-01 00:00:00.000	13804961254	河南省商丘市	20160101	2016010102	0003	89.0
5	2016010201	王丽	女	1989-07-08 00:00:00.000	2016-09-01 00:00:00.000	13079452444	辽宁省大连市	20160102	2016010201	0001	92.0
6	2016010201	王丽	女	1989-07-08 00:00:00.000	2016-09-01 00:00:00.000	13079452444	辽宁省大连市	20160102	2016010201	0002	88.0
7	2016010201	王丽	女	1989-07-08 00:00:00.000	2016-09-01 00:00:00.000	13079452444	辽宁省大连市	20160102	2016010201	0003	78.0
8	2016010202	田园	女	1985-06-09 00:00:00.000	2016-09-01 00:00:00.000	13897256641	辽宁省抚顺市	20160102	2016010202	0002	59.0
9	2016010202	田园	女	1985-06-09 00:00:00.000	2016-09-01 00:00:00.000	13897256641	辽宁省抚顺市	20160102	2016010202	0004	66.0
10	2016020101	张孝文	男	1996-09-07 00:00:00.000	2016-09-01 00:00:00.000	18945623120	辽宁省本溪市	20160201	2016020101	0001	88.0
11	2016020101	张孝文	男	1996-09-07 00:00:00.000	2016-09-01 00:00:00.000	18945623120	辽宁省本溪市	20160201	2016020101	0004	99.0
12	2016020201	孙天方	男	1992-05-06 00:00:00.000	2016-09-01 00:00:00.000	13940931222	辽宁省大连市	20160202	2016020201	0001	56.0
13	2016020201	孙天方	男	1992-05-06 00:00:00.000	2016-09-01 00:00:00.000	13940931222	辽宁省大连市	20160202	2016020201	0002	78.0
14	2016020202	李鹏飞	男	1992-10-06 00:00:00.000	2016-09-01 00:00:00.000	NULL	NULL	NULL	NULL	NULL	NULL

图 5-27　检索所有学生的成绩情况

【步骤 2】单击 ✓ 按钮执行语法检查，语法检查通过之后单击“执行”按钮执行 SQL 语句。

【步骤 3】在“结果”选项卡中显示执行结果，如图 5-28 所示。

	s_id	course_id	result	course_id	course_name	course_credit	course_type
1	2016010101	0001	90.0	0001	计算机基础	4.0	公共基础课
2	2016010201	0001	92.0	0001	计算机基础	4.0	公共基础课
3	2016020101	0001	88.0	0001	计算机基础	4.0	公共基础课
4	2016020201	0001	56.0	0001	计算机基础	4.0	公共基础课
5	2016010101	0002	85.0	0002	大学英语	6.0	公共基础课
6	2016010201	0002	88.0	0002	大学英语	6.0	公共基础课
7	2016010202	0002	59.0	0002	大学英语	6.0	公共基础课
8	2016020201	0002	78.0	0002	大学英语	6.0	公共基础课
9	2016010101	0003	89.0	0003	数据库原理及应用	4.0	专业基础课
10	2016010102	0003	89.0	0003	数据库原理及应用	4.0	专业基础课
11	2016010201	0003	78.0	0003	数据库原理及应用	4.0	专业基础课
12	2016010202	0004	66.0	0004	C语言程序设计	6.0	专业基础课
13	2016020101	0004	99.0	0004	C语言程序设计	6.0	专业基础课
14	NULL	NULL	NULL	0005	机械设计原理	4.0	专业基础课
15	NULL	NULL	NULL	0006	C#程序设计	6.0	专业课
16	NULL	NULL	NULL	0007	路由器	5.0	专业课
17	NULL	NULL	NULL	0008	数控编程及应用	3.0	专业课

图 5-28　检索所有课程的选修情况

说明：左外连接和右外连接是两个互逆的过程，使用哪种形式由不受条件限制的表的位置决定，如果要显示全部记录的表在左边，则使用左外连接，如果要显示全部记录的表在右边，则使用右外连接。

子任务 7　交叉连接检索教师表和部门表

【步骤 1】启动 SSMS，单击工具栏上的“新建查询”按钮，打开一个空白的.sql 文件，输入以下 SQL 语句：

```
SELECT * FROM teacher CROSS JOIN department
```

【步骤 2】单击 ✓ 按钮执行语法检查，语法检查通过之后单击“执行”按钮执行 SQL

语句。

说明：交叉连接返回的结果在大多数情况下是冗余、无用的，所以应该采取措施尽量避免交叉连接的使用。

小组活动：

① 查询选修"大学英语"、成绩在 85 分以上的学生的学号和姓名。

② 查询讲授"大学英语"的教师的姓名和所在部门名。

③ 查询与"刘清华"在同一部门的教师的姓名。

④ 查询所有课程的授课情况。

⑤ 查询所有教师的授课情况。

任务 6 使用子查询进行数据检索、插入、更新和删除

■ 任务分析

数据查询和统计有时需要基于某次查询的结果再次生成查询和统计，也就是需要使用子查询。子查询不仅可以用在数据检索方面，还可以在更新和删除时使用子查询。本任务将使用子查询完成数据检索、数据的更新和删除。

◆ 任务实施

子任务 1 查询选修 0003 号课程且成绩低于该门课程平均成绩的学生的学号

【步骤 1】启动 SSMS，单击工具栏上的"新建查询"按钮，打开一个空白的 .sql 文件，输入以下 SQL 语句：

```
SELECT s_id FROM s_c
WHERE course_id = '0003' AND result < (select AVG(result) FROM s_c
                                        WHERE course_id = '0003')
```

【步骤 2】单击 ✓ 按钮执行语法检查，语法检查通过之后单击"执行"按钮执行 SQL 语句。

【步骤 3】在"结果"选项卡中显示执行结果，如图 5-29 所示。

子任务 2 查询年龄高于 20160101 班所有学生年龄的其他班的学生的学号和姓名

【步骤 1】启动 SSMS，单击工具栏上的"新建查询"按钮，打开一个空白的 .sql 文件，输入以下 SQL 语句：

```
SELECT s_id, s_name
FROM student
WHERE c_id <> '20160101' AND s_borndate < ALL(SELECT s_borndate
                                               FROM student
                                               WHERE c_id = '20160101')
```

或

图 5-29　查询选修 0003 号课程且成绩低于该门课程平均成绩的学生的学号

```
SELECT s_id, s_name
FROM student
WHERE c_id<>'20160101' AND s_borndate <(SELECT min(s_borndate)
                            FROM student
                            WHERE c_id = '20160101')
```

【步骤2】单击 ☑ 按钮执行语法检查,语法检查通过之后单击"执行"按钮执行 SQL 语句。

【步骤3】在"结果"选项卡中显示执行结果,如图 5-30 所示。

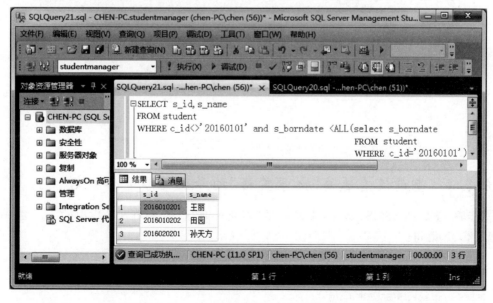

图 5-30　查询年龄高于 20160101 班所有学生年龄的其他班的学生的学号和姓名

检索学生管理系统表中的数据

子任务3　查询所有成绩大于90分的学生的姓名

【步骤1】启动 SSMS，单击工具栏上的"新建查询"按钮，打开一个空白的.sql 文件，输入以下 SQL 语句：

```
SELECT s_name
FROM student
WHERE s_id IN (SELECT s_id
               FROM s_c
               WHERE result > 90)
```

【步骤2】单击 ✔ 按钮执行语法检查，语法检查通过之后单击"执行"按钮执行 SQL 语句。

【步骤3】在"结果"选项卡中显示执行结果，如图 5-31 所示。

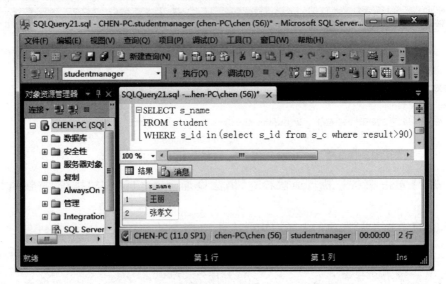

图 5-31　查询所有成绩大于 90 分的学生的姓名

说明：该子任务也可以使用连接查询来完成，语句如下。

```
SELECT s_name
FROM student , s_c
WHERE student.s_id = s_c.s_id AND result > 90
```

子任务4　查询没有选修"大学英语"的学生的学号和姓名

【步骤1】启动 SSMS，单击工具栏上的"新建查询"按钮，打开一个空白的.sql 文件，输入以下 SQL 语句：

```
SELECT s_id, s_name
FROM student
WHERE s_id not IN(SELECT s_id
                  FROM s_c
                  WHERE course_id = (SELECT course_id
```

```
FROM course
WHERE course_name = '大学英语'))
```

【步骤2】单击 ☑ 按钮执行语法检查，语法检查通过之后单击"执行"按钮执行 SQL 语句。

【步骤3】在"结果"选项卡中显示执行结果，如图 5-32 所示。

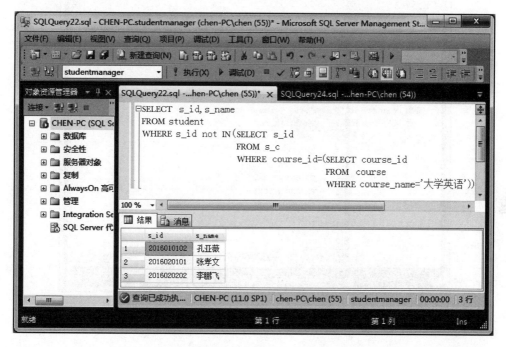

图 5-32　查询没有选修"大学英语"的学生的学号和姓名

子任务5　查询成绩高于平均分的学生的学号和课程号

【步骤1】启动 SSMS，单击工具栏上的"新建查询"按钮，打开一个空白的.sql 文件，输入以下 SQL 语句：

```
SELECT s_id, course_id
FROM s_c a
WHERE result >(SELECT AVG(result)
              FROM s_c b
              WHERE a.course_id = b.course_id )
```

【步骤2】单击 ☑ 按钮执行语法检查，语法检查通过之后单击"执行"按钮执行 SQL 语句。

【步骤3】在"结果"选项卡中显示执行结果，如图 5-33 所示。

说明：成绩必须高于该门课程的平均成绩，所以外层每一行执行一次，内层都要查询与外层课程号相同的课程的平均分，查询出的平均分作为外层的条件。这种内层用到外层字段的查询为相关子查询。

检索学生管理系统表中的数据

图 5-33　查询成绩高于平均分的学生的学号和课程号

子任务 6　查询未选修任何课程的学生的姓名

【步骤 1】启动 SSMS,单击工具栏上的"新建查询"按钮,打开一个空白的. sql 文件,输入以下 SQL 语句:

```
SELECT s_name
FROM student
WHERE NOT EXISTS(SELECT *
        FROM s_c
        WHERE s_c.s_id = student.s_id )
```

【步骤 2】单击 ☑ 按钮执行语法检查,语法检查通过之后单击"执行"按钮执行 SQL 语句。

【步骤 3】在"结果"选项卡中显示执行结果,如图 5-34 所示。

说明:在使用 EXISTS 查询时一般只关心子查询是否有结果,而不关心子查询查询出来的结果是什么,所以子查询的 SELECT 语句后一般用"＊"。

子任务 7　检索出 20160101 班学生的学号、课程号和成绩并插入表 sc20160101

【步骤 1】创建表 sc20160101,单击工具栏上的"新建查询"按钮,打开一个空白的. sql 文

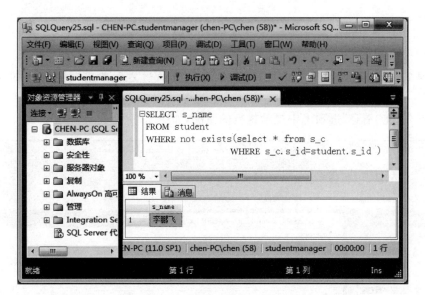

图 5-34　查询未选修任何课程的学生的姓名

件,输入以下 SQL 语句:

```
CREATE TABLE sc20160101
( 学号 char(10),
  课程号 char(10),
  成绩 decimal(3,1)
)
```

【步骤 2】单击工具栏上的"新建查询"按钮,打开一个空白的. sql 文件,输入以下 SQL 语句:

```
INSERT sc20160101
SELECT s_c.s_id,course_id ,result
FROM s_c ,student
WHERE s_c.s_id = student.s_id AND c_id = '20160101'
```

【步骤 3】单击 ✓ 按钮执行语法检查,语法检查通过之后单击"执行"按钮执行 SQL 语句。

说明：如果表 sc20160101 不存在,则不能使用上述方法插入数据,可以使用下面的 语句。

```
SELECT s_c.s_id,course_id ,result INTO sc20160101
FROM s_c ,student
WHERE s_c.s_id = student.s_id AND c_id = '20160101'
```

子任务 8　将 20160101 班学生的成绩全部提高 5 分

【步骤 1】启动 SSMS,单击工具栏上的"新建查询"按钮,打开一个空白的. sql 文件,输入以下 SQL 语句:

检索学生管理系统表中的数据

```
UPDATE s_c
SET result = result + 5
WHERE s_id IN (SELECT s_id FROM student WHERE c_id = '20160101')
```

【步骤 2】单击 ✓ 按钮执行语法检查,语法检查通过之后单击"执行"按钮执行 SQL 语句。

【步骤 3】在"消息"选项卡中提示执行的情况,如图 5-35 所示。

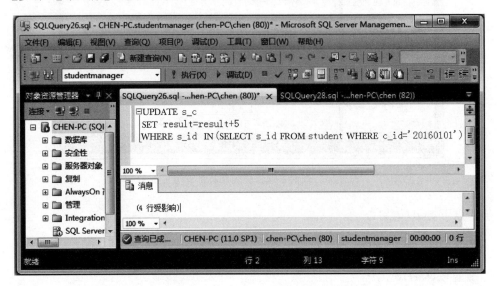

图 5-35　将 20160101 班学生的成绩全部提高 5 分

子任务 9　将教师"刘清华"的工资修改为平均工资

【步骤 1】启动 SSMS,单击工具栏上的"新建查询"按钮,打开一个空白的 .sql 文件,输入以下 SQL 语句:

```
UPDATE teacher
SET t_salary = (SELECT AVG(t_salary)
                FROM teacher )
wheret_name = '刘清华'
```

【步骤 2】单击 ✓ 按钮执行语法检查,语法检查通过之后单击"执行"按钮执行 SQL 语句。

说明:该子查询使用在 SET 语句中,将查询出的平均工资送给外层。

子任务 10　删除没有选课的学生的基本信息

【步骤 1】启动 SSMS,单击工具栏上的"新建查询"按钮,打开一个空白的 .sql 文件,输入以下 SQL 语句:

```
DELETE FROM student
WHERE s_id NOT IN (SELECT s_id
                   FROM s_c )
```

【步骤2】单击 ✓ 按钮执行语法检查，语法检查通过之后单击"执行"按钮执行 SQL
语句。

【步骤3】在"消息"选项卡中提示执行的情况，如图 5-36 所示。

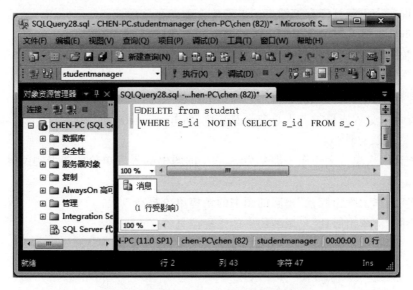

图 5-36　删除没有选课的学生的基本信息

说明：没有选课的学生也就是在选课表中不存在的学生。

小组活动：

① 查询所有工资高于平均工资的教师的姓名。

② 查询年龄比"白沧铭"小的学生的姓名，结果按学号降序排列。

③ 查询出生日期大于所有女同学的出生日期的男同学的姓名。

④ 将学号为 2016010101 的学生的"计算机基础"的成绩改为该课的平均成绩。

⑤ 把成绩低于总平均成绩的女同学的成绩提高 5％。

⑥ 删除"白沧铭"同学的"计算机基础"课程的选课记录。

拓展实训　图书销售管理数据库的创建

一、实训目的

1. 掌握 SELECT 各个子句的功能和检索数据的方法。

2. 掌握 WHERE 子句中各种条件的使用方法。

3. 掌握分组和汇总的使用方法。

4. 掌握连接查询的使用。

5. 掌握子查询的使用。

二、实训内容

1. 查询图书的库存信息。

2. 查询图书的名称、库存数量及图书单价。

3. 查询库存数量大于等于 100 的图书的编号和图书名称。

143

4. 查询图书单价在 30~50 元的图书的编号和图书名称。

5. 查询 gy01、gy02、gy03 供应商供应的图书的图书编号及购入数量。

6. 查询联系电话为空的出版社的名称及地址。

7. 查询每个出版社库存的图书的平均单价和库存总数量。

8. 查询所有姓"王"的作者所出版的图书的库存情况。

9. 查询每个出版社出版的图书的平均销售数量,结果显示出版社名称和平均销售数量。

10. 查询"清华大学出版社"出版的图书的销售情况。

11. 查询每个入库单的购入总数量及总价格,并筛选出总价格大于 10 000 元的入库单号、购入总数量及总价格。

12. 查询购入单价大于图书编号为 ts0001 的图书的入库单价的图书的编号、入库日期及购入数量。

13. 将"清华大学出版社"出版的图书的销售单价提高 5 元。

14. 删除"清华出版社"出版的图书的销售信息。

项 目 小 结

本项目详细介绍了 SQL 语句的格式、分组和汇总的方法以及连接查询和子查询,完成了学生管理系统项目中有关数据的查询工作,对于不同的查询要求可以进行数据的分类汇总,使用连接查询、子查询完成复杂的查询工作。

思考与练习

一、选择题

1. 在 SELECT 语句中使用( )关键字可以将重复行去掉。

    A. ORDER BY   B. HAVING   C. TOP   D. DISTINCT

2. SELECT 语句中的( )子句只能配合 group by 子句使用。

    A. ORDER BY   B. HAVING   C. TOP   D. DISTINCT

3. 在存在下列关键字的 SQL 语句中不可能出现 WHERE 子句的是( )。

    A. UPDATE   B. DELETE   C. INSERT   D. ALTER

4. 在 WHERE 子句的条件表达式中可以匹配 0 到多个字符的通配符是( )。

    A. *   B. %   C. -   D. ?

5. 如果要查询 book 表的所有书名中以"计算机"开头的书籍的价格,可以用( )语句。

    A. SELECT price FROM book WHERE book_name = '计算机 * '

    B. SELECT price FROM book WHERE book_name LIKE '计算机 * '

    C. SELECT price FROM book WHERE book_name = '计算机%'

    D. SELECT price FROM book WHERE book_name LIKE '计算机%'

6. 在 SQL 语言中,下列涉及空值的操作(AGE 为字段名)错误的是( )。

A. AGE IS NULL　　　　　　　　B. AGE IS NOT NULL

C. AGE ＝NULL　　　　　　　　D. NOT(AGE IS NULL)

7. SQL 的聚集函数 COUNT、SUM、AVG、MAX、MIN 不允许出现在查询语句的(　　)子句中。

A. SELECT　　　　　　　　　B. HAVING

C. GROUP BY… HAVING　　　　D. WHERE

二、上机操作题

1. 查询所有员工的信息。

2. 查询所有员工的姓名、职称和电话号码。

3. 查询男职工的年龄,结果显示姓名和年龄。

4. 查询年龄在 35～40 岁的员工的姓名和年龄。

5. 查询 D001、D002、D003 部门的员工的基本信息。

6. 查询职称为空的员工的姓名。

7. 查询每个员工的实发工资总和、实发工资的平均值。

8. 查询所有姓"郭"的员工的姓名、出生日期和职称。

9. 查询"电气与信息工程系"员工的 2016 年 10 月份的实发工资,结果显示员工姓名、实发工资。

10. 查询"建筑系"的所有员工的姓名、性别、出生日期及电话号码。

11. 查询其他部门中比"财务部"所有员工年龄都大的员工的姓名和年龄。

12. 查询每个部门的职工总人数,结果只显示总人数大于 10 的部门的部门号和总人数。

13. 查询"财务部"员工的 2016 年 10 月份的实发工资之和。

14. 查询财务部每位员工的实发工资总和,筛选出工资总和大于 10 000 元的员工的编号和实发工资总和。

检索学生管理系统表中的数据

项目 6 学生管理系统数据的快速检索

项 目 情 境

学生管理系统数据库中存储着大量的数据,随着数据库被不断使用,数据量会越来越庞大,在庞大的数据库中查询用户需要的那部分数据需要逐条遍历所有记录,并进行比较,直到找到满足条件的记录为止,可想而知需要耗费一定的时间,降低了查询效率,而要解决这一问题可以在表中创建索引。

学习重点与难点
➢ 掌握使用管理平台创建索引、维护索引、删除索引的方法
➢ 掌握使用 SQL 语句创建索引、维护索引、删除索引的方法

学习目标
➢ 能使用管理平台创建索引、维护索引、删除索引
➢ 能使用 SQL 语句创建索引、维护索引、删除索引

任 务 描 述

任务 1　使用管理平台创建索引、维护索引、删除索引
任务 2　使用 SQL 语句创建索引、维护索引、删除索引

相 关 知 识

知识要点
➢ 索引概述及分类
➢ 使用 T-SQL 语句创建索引
➢ 使用 T-SQL 语句维护索引
➢ 使用 T-SQL 语句删除索引

知识点 1　索引概述及分类

1. 索引概述

数据库中的索引类似于一本书的目录,在一本书中使用目录可以快速找到想要的信息,而不需要读完全书。在数据库中数据库程序使用索引可以快速检索到表中的数据,而不必

扫描整个表。书中的目录是一个字词以及各字词所在的页码列表,数据库中的索引是表中的值以及各值存储位置的列表。

索引是与表或视图关联的独立的、物理的数据库结构,索引包含由表或者视图中的一列或多列生成的键,可以加快从表或视图中检索行的速度。这些键使 SQL Server 可以快速、有效地查找与键值关联的行。

2. 索引的分类

在 SQL Server 中有多种索引类型。

索引按存储结构分为聚集索引(聚类索引、簇集索引)、非聚集索引(非聚类索引、非簇集索引)。

① 聚集索引:聚集索引是对磁盘上的实际数据重新组织以按指定的一列或多列值排序。汉语字典的拼音检字法就是一个聚集索引,比如要查"张",自然要翻到字典的几百几十页,尽量把书页范围缩到更小的部分,直到正确的页码。

聚集索引根据数据行的键值在表或视图中排序和存储这些数据行,即表中行的物理顺序与索引顺序相同。因为数据行本身只能按照一个顺序排序,不可能有多种排法,所以一个表只能建立一个聚集索引。

如果表具有聚集索引,则成为聚集表,表中的数据行按索引顺序进行排序;如果表中没有聚集索引,则其数据行存储在一个称为堆的无序结构中。

② 非聚集索引:非聚集索引具有独立于数据行的结构。在默认情况下建立的索引是非聚集索引,不重新组织表中的数据,而是对每一行存储索引列值并用一个指针指向数据所在的页面。它像汉语字典中的根据"偏旁部首"检字法,即便对数据不排序,对查询数据的效率也很高,而不需要全表扫描。

一个表可以拥有多个非聚集索引,每个非聚集索引根据索引列的不同提供不同的排序顺序。

索引按数据唯一性分为唯一索引和非唯一索引。

唯一索引不允许有两行相同的索引值,所以唯一索引一般在主键或创建了唯一约束的列上创建。当在列上创建了唯一约束后将自动在此列上创建一个唯一索引。

索引按键列个数分为单列索引和多列索引。

① 单列索引:依据表或视图中的一列创建的索引。

② 多列索引:依据表或视图中的多列创建的索引。

3. 索引的作用

索引的作用是提高数据库从表或视图中查询数据的速度,改善数据库的性能。索引页需要空间来存放这些键,这些存放索引的空间在数据库中称为索引页。

索引页是数据库中存储索引的数据页,其存放键值以及指向数据行位置的指针。

4. 填充因子(FILLFACTOR)

填充因子是索引的一个特性,用来设置索引页数据填充的空间百分比,即可算出每个索引页的剩余空间,适应以后表中数据的扩展并减小页拆分的可能性。

填充因子是从 0 到 100 的百分比数值,假如取值为 70%,则意味着还有 30% 的空间供以后使用,当设为 100 时表示将数据页填满,意味着索引页没有空间剩余。只有在不会对数据进行更改时(例如只读表中)才用此设置,值越小则数据页上的空闲空间越大,这样可以减少在索引增长过程中进行页拆分的需要,但这一操作需要占用更多的硬盘空间。如果填充因子指定不当,会降低数据库的读取性能,其降低量与填充因子的设置值成反比。

5. 索引的设计原则

一般来说建立索引的原则如下:

① 系统一般会给主键字段自动建立聚集索引。

② 有大量重复值且经常有范围查询和排序、分组的列或者经常频繁访问的列考虑建立聚集索引。

③ 在一个经常做插入操作的表中建立索引应使用 FILLFACTOR(填充因子)来减少页拆分。如果表为只读表,填充因子可设为 100。

④ 在选择索引键时尽可能采用小数据类型的列作为键,以使每个索引页能容纳尽可能多的索引键和指针,通过这种方式可以使一个查询必须遍历的索引页面减到最少,此外尽可能地使用整数作为键值,因为整数的访问速度最快。

不创建索引的原则如下:

① 在查询中几乎不涉及的列。

② 很少有唯一值的列,如性别列。

③ 只有较少行数的表没必要创建索引。

④ 由 text、ntext 或 image 数据类型定义的列。

创建聚集索引的原则如下:

① 以排序次序访问的列或值唯一的列。

② 经常要搜索某一范围的值所在的列,使用聚集索引找到包含第一个值的行后便可以确保包含后续索引值的行在物理上相邻。

③ 聚集索引应在非聚集索引被创建之前创建。

创建非聚集索引的原则如下:

① 非聚集索引最好在数据选择性比较高的列上或列值唯一的列上创建。

② 精确匹配查询条件使用的列(WHERE 子句)。非聚集索引是精确匹配查询的最佳方法,因为索引包含数据值在表中的精确位置。

6. 索引的利弊

查询操作的大部分开销是 I/O,使用索引提高性能的一个主要目标是避免全表扫描,因为全表扫描需要从磁盘上读取表的每一个数据页,如果有索引指向数据值,则查询只需要读少数次的磁盘即可,所以合理地使用索引能加速数据的查询。

但是索引并不总是提高系统的性能,带索引的表需要在数据库中占用更多的存储空间,频繁地插入记录、删除记录的命令运行时间以及维护索引所需的处理时间会更长,因此要合理地使用索引,及时维护索引,删除无用的索引。

知识点 2　使用 T-SQL 语句创建索引

1. 语法格式

```
CREATE [UNIQUE] [CLUSTERED|NONCLUSTERED]INDEX index_name
ON {table|view}(column[ASC|DESC][,…n])
WITH PAD_INDEX ,FILLFACTOR = n
```

2. 参数说明

- UNIQUE：指定创建的是唯一索引，可选项。
- CLUSTERED、NOCLUSTERED：指定是聚集索引还是非聚集索引，可选项。
- index_name：索引名，索引的命名规范可遵照"ix_表名称_列名称"。
- table|view：创建索引所依据的表或视图。
- column[ASC|DESC]：创建索引所依据的列，ASC 表示升序，DESC 表示降序。
- PAD_INDEX：用于指定索引中间级中每个页(结点)上保持开放的空间。
- FILLFACTOR n：表示填充因子，n 是 $0\sim100$ 的整数。

知识点 3   使用 T-SQL 语句维护索引

1. 更新统计信息

在创建索引时 SQL Server 会自动存储有关索引的统计信息。索引统计信息是查询优化器分析和评估查询，指定最优查询方式的基础数据。随着数据的不断变化，索引和列的统计信息可能已经过时，这样就会导致查询优化器选择的查询处理并非最佳，因此有必要对数据库中的这些统计信息进行更新。

使用 UPDATE STATISTICS 命令更新统计信息的语法如下：

```
UPDATE STATISTICS 表名[索引名]
```

2. 扫描表的碎片

对索引进行维护是为了确保索引得到最高的性能。因为用户经常在数据库上进行插入、更新和删除等一系列操作，使数据变得支离破碎，从而造成索引性能的变坏。

通过扫描表确定该表的索引碎片的信息，需要关注的是扫描密度，理想值是 100%，如果百分比低，则需要清理数据表上的碎片。

使用 DBCC SHOWCONTIG 命令扫描表的碎片的语法如下：

```
DBCC SHOWCONTIG(表名,索引)
```

3. 进行碎片整理

当数据表或视图上的聚集索引和非聚集索引存在碎片时可以进行碎片整理。

使用 DBCC INDEXDEFRAG 命令进行碎片整理的语句如下：

```
DBCC INDEXDEFRAG(数据库名,表名,索引名)
```

4. 查看表中索引的定义

执行以下存储过程：

```
EXEC sp_helpindex index_name
```

说明：在执行存储过程时存储过程不是批处理的第一行语句，必须在前面加关键字 Exec(或 Execute)。

知识点 4   使用 T-SQL 语句删除索引

删除索引的语法格式如下：

```
DROP INDEX table|view.index_name
```

或者

```
DROP INDEX index_name ON [table|view]
```

说明：一次可以删除多个索引，索引名之间用逗号分隔。

任务 1　使用管理平台创建索引、维护索引、删除索引

■ 任务分析

现在学生管理系统中的数据表已经建成，并且存在大量数据行，为了提高查询效率，在表中创建索引。

◆ 任务实施

子任务 1　使用管理平台创建聚集索引

系统会在数据表的主键列上自动创建聚集索引，在每个表中只能创建一个聚集索引。系统为数据库中的 7 个数据表都创建了聚集索引。

使用 SELECT INTO 语句实现表的复制，创建数据表 student、course、s_c 的副本，完成聚集索引的创建。

【步骤 1】启动 SSMS，单击工具栏上的"新建查询"按钮，打开一个空白的 .sql 文件，输入以下 SQL 语句：

```
SELECT * INTO student2 FROM student
SELECT * INTO course2 FROM course
SELECT * INTO s_c2 FROM s_c
```

展开数据库 studentmanager，右击"表"，在弹出的快捷菜单中选择"刷新"命令，则数据表 student2、course2、s_c2 创建完成。

【步骤 2】启动 SSMS，在对象资源管理器中依次展开"数据库"→studentmanager→"表"，右击 student2 表，在弹出的快捷菜单中选择"设计"命令，然后在右侧窗口中右击，在弹出的快捷菜单中选择"索引/键"命令，如图 6-1 所示。

【步骤 3】在"索引/键"对话框中单击"添加"按钮，按照图 6-2 完成聚集索引的相关设置。

- 列：s_id，默认升序（ASC）。
- 是唯一的：是。
- 名称：IX_student2，系统默认，可自定义。
- 创建为聚集的：是。

其他取默认值，单击"关闭"按钮关闭对话框，然后单击"保存"按钮完成聚集索引的创建。

【步骤 4】按照图 6-3 在 s_c2 表上创建复合聚集索引 IX_s_c2，复合聚集索引的相关设置如下。

- 列：s_id，course_id，默认升序（ASC）。
- 是唯一的：是。

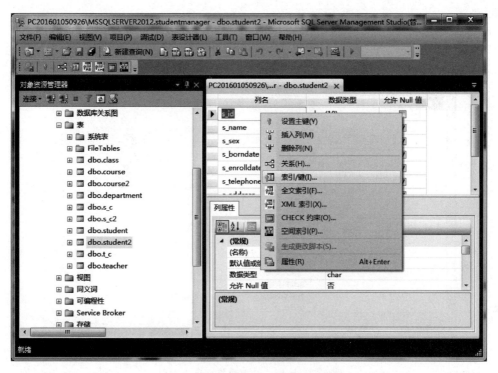

图 6-1 为 student2 表创建聚集索引

图 6-2 聚集索引的参数设置

- 名称：IX_s_c2，系统默认，可自定义。
- 创建为聚集的：是。

其他取默认值，单击"关闭"按钮关闭对话框，然后单击"保存"按钮完成复合聚集索引的

学生管理系统数据的快速检索

创建。

在创建索引后可以展开表 student2 下的"索引"进行查看,如图 6-4 所示。

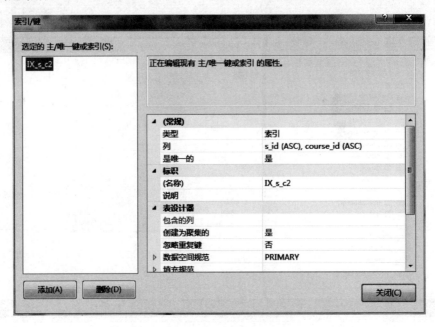

图 6-3　为表 s_c2 创建复合聚集索引

图 6-4　查看表中的索引

子任务 2　使用管理平台创建非聚集索引

在数据库的每个数据表中可以创建多个非聚集索引。

【步骤 1】启动 SSMS,在对象资源管理器中依次展开"数据库"→studentmanager→"表",右击 student2 表,在弹出的快捷菜单中选择"设计"命令,然后在右侧窗口中右击,在弹出的快捷菜单中选择"索引/键"命令。

【步骤2】在弹出的"索引/键"对话框中单击"添加"按钮,按照图6-5完成非聚集索引的相关设置。

- 列：s_name,默认升序(ASC)。
- 是唯一的：否。
- 名称：IX_student2_name。
- 创建为聚集的：否。

其他取默认值,单击"关闭"按钮关闭对话框,然后单击"保存"按钮完成非聚集索引的创建。

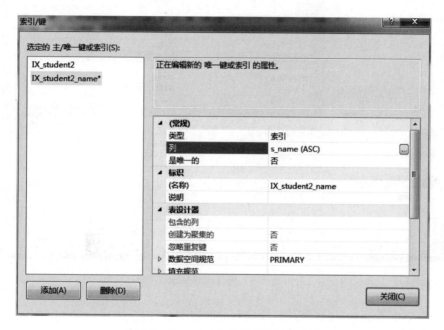

图 6-5　为 student2 表创建非聚集索引

子任务3　使用管理平台更新统计信息

启动 SSMS,在对象资源管理器中右击数据库 studentmanager,在弹出的快捷菜单中选择"属性"命令,在"选项"选项卡中查看"自动创建统计信息"选项和"自动更新统计信息"选项的默认值是否为 True(意味着自动更新),如图6-6所示,单击"确定"按钮完成设置。

子任务4　使用管理平台删除索引

对于不需要的索引可以删除,以避免对索引进行不必要的维护,从而降低数据库系统的工作效率。

下面删除数据表 student2 中的非聚集索引 IX_student2_name。

【步骤1】启动 SSMS,在对象资源管理器中依次展开"数据库"→studentmanager→"表",右击 student2 表,在弹出的快捷菜单中选择"设计"命令,然后在右侧窗口中右击,在弹出的快捷菜单中选择"索引/键"命令。

【步骤2】在"索引/键"对话框中选中要删除的索引 IX_student2_name,依次单击"删

学生管理系统数据的快速检索

图 6-6　更新统计信息

除"按钮→"关闭"按钮→"保存"按钮,完成索引的删除。

小组活动:

① 在数据表 course2 的 course_id 列上创建聚集索引 IX_course2。

② 在数据表 course2 的 course_name 列上创建非聚集索引 IX_course2_name。

③ 删除数据表 course2 中的非聚集索引 IX_course2_name。

任务 2　使用 SQL 语句创建索引、维护索引、删除索引

■ 任务分析

用户可以使用管理平台实现索引的创建、维护、删除,也可以使用 SQL 语句实现索引的创建、维护、删除。

◆ 任务实施

子任务 1　使用 SQL 语句创建聚集索引

系统会在数据表的主键列上自动创建聚集索引,在每个表中只能创建一个聚集索引。系统为数据库中的 7 个数据表都创建了聚集索引。

使用 SELECT INTO 语句实现表的复制,创建数据表 class、department、teacher、t_c 的

副本,完成聚集索引的创建。

【步骤 1】启动 SSMS,单击工具栏上的"新建查询"按钮,打开一个空白的 .sql 文件,输入以下 SQL 语句:

```
SELECT  *  INTO class2 FROM class
SELECT  *  INTO department2 FROM department
SELECT  *  INTO teacher2 FROM teacher
SELECT  *  INTO t_c2 FROM t_c
```

【步骤 2】在数据表 class2 的 c_id 列上创建聚集索引 IX_class2,单击 ✅ 按钮执行语法检查,语法检查通过之后单击"执行"按钮执行以下 SQL 语句:

```
CREATE UNIQUE CLUSTERED INDEX IX_class2
ON class2(c_id)
```

【步骤 3】在"消息"选项卡中显示执行结果,如图 6-7 所示。

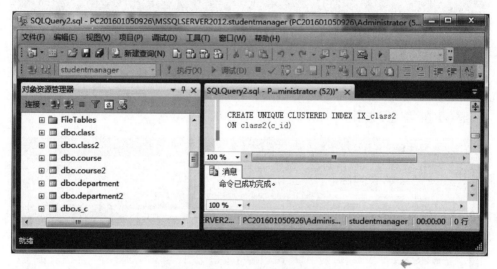

图 6-7　为 class2 表创建聚集索引

【步骤 4】在数据表 t_c2 的 t_id 列和 course_id 列上创建复合聚集索引 IX_t_c2,单击 ✅ 按钮执行语法检查,语法检查通过之后单击"执行"按钮执行以下 SQL 语句:

```
CREATE UNIQUE CLUSTERED INDEX IX_t_c2
ON t_c2(t_id,course_id)
```

【步骤 5】在"消息"选项卡中显示执行结果,如图 6-8 所示。

子任务 2　使用 SQL 语句创建非聚集索引

在数据表 class2 的 c_name 列上创建非聚集索引 IX_class2_name。

【步骤 1】启动 SSMS,单击工具栏上的"新建查询"按钮,打开一个空白的 .sql 文件,输入以下 SQL 语句:

```
CREATE NONCLUSTERED INDEX IX_class2_name
ON class2(c_name)
```

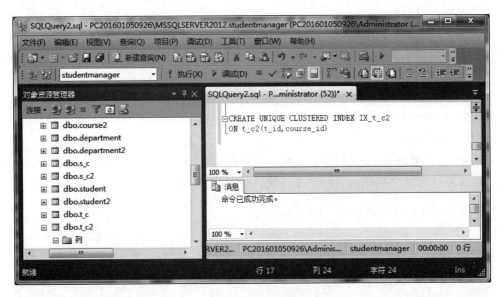

图 6-8　为 t_c2 表创建复合聚集索引

【步骤 2】单击 ☑ 按钮执行语法检查，语法检查通过之后单击"执行"按钮执行 SQL 语句。

【步骤 3】在"消息"选项卡中显示执行结果，如图 6-9 所示。

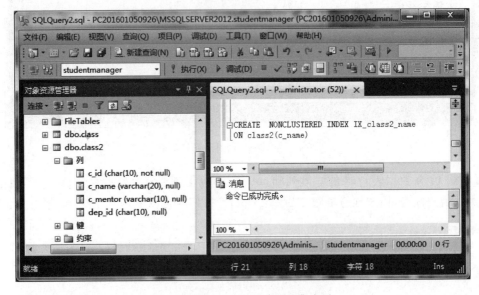

图 6-9　为 class2 表创建非聚集索引

子任务 3　使用 SQL 语句创建带填充因子的索引

在数据表 teacher2 的 t_id 列上创建带填充因子的聚集索引 IX_teacher2，填充因子值为 70。

【步骤 1】启动 SSMS，单击工具栏上的"新建查询"按钮，打开一个空白的 .sql 文件，输入以下 SQL 语句：

```
CREATE UNIQUE CLUSTERED INDEX IX_teacher2
ON teacher2(t_id)
WITH PAD_INDEX , FILLFACTOR = 70
```

【步骤 2】单击 ✅ 按钮执行语法检查，语法检查通过之后单击"执行"按钮执行 SQL 语句。

【步骤 3】在"消息"选项卡中显示执行结果，如图 6-10 所示。

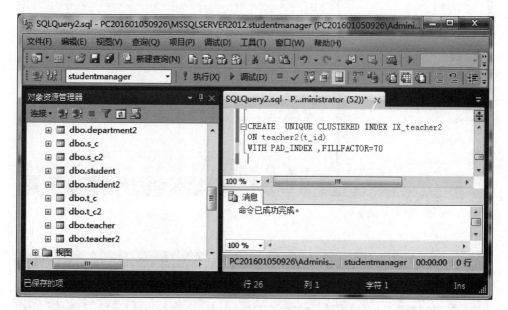

图 6-10   为 teacher2 表创建带填充因子的聚集索引

子任务 4   使用 SQL 语句更新统计信息

使用 SQL 语句对数据表 student2 更新统计信息，扫描表碎片，并进行碎片整理。

【步骤 1】启动 SSMS，单击工具栏上的"新建查询"按钮，打开一个空白的 .sql 文件，输入以下 SQL 语句：

```
UPDATE STATISTICS student2 IX_student2
DBCC SHOWCONTIG (student2, IX_student2)
DBCC INDEXDEFRAG (studentmanager, student2, IX_student2)
```

【步骤 2】单击 ✅ 按钮执行语法检查，语法检查通过之后单击"执行"按钮执行 SQL 语句。

【步骤 3】在"消息"选项卡中提示执行的情况，如图 6-11 所示；在"结果"选项卡中显示执行结果，如图 6-12 所示。

子任务 5   使用 SQL 语句删除索引

对于不需要的索引可以删除，以避免对索引进行不必要的维护，从而降低数据库系统的

学生管理系统数据的快速检索

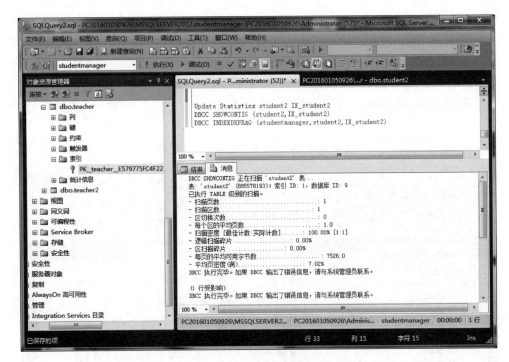

图 6-11　student2 表上的碎片扫描与整理的消息

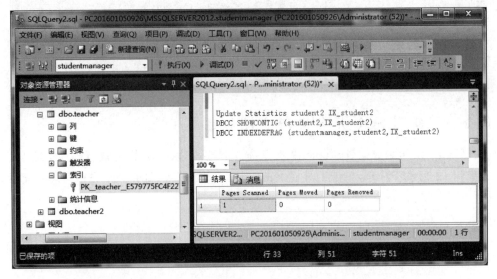

图 6-12　student2 表上的碎片扫描与整理的结果

工作效率。

下面使用 SQL 语句删除数据表 class2 中的非聚集索引 IX_class2_name。

【步骤 1】启动 SSMS，单击工具栏上的"新建查询"按钮，打开一个空白的.sql 文件，输入以下 SQL 语句：

```
DROP INDEX class2.IX_class2_name
```

或者

```
DROP INDEX IX_class2_name ON class2
```

【步骤2】单击 ☑ 按钮执行语法检查,语法检查通过之后单击"执行"按钮执行 SQL 语句。

【步骤3】在"消息"选项卡中提示执行的情况,如图 6-13 所示。

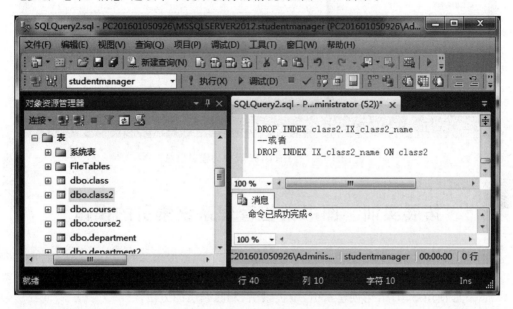

图 6-13 删除 class2 表的索引

子任务6 查看表中索引的定义

对于在表上创建的索引,可以使用存储过程 sp_helpindex 查看其信息。

【步骤1】启动 SSMS,单击工具栏上的"新建查询"按钮,打开一个空白的 .sql 文件,输入以下 SQL 语句:

```
EXEC sp_helpindex class2
```

【步骤2】单击 ☑ 按钮执行语法检查,语法检查通过之后单击"执行"按钮执行 SQL 语句。

【步骤3】在"结果"选项卡中显示执行结果,如图 6-14 所示。

小组活动:

① 在数据表 department2 的 dep_id 列上创建聚集索引 IX_dep2。

② 在数据表 department2 的 dep_name 列上创建非聚集索引 IX_dep2_name。

③ 在数据表 teacher2 的 t_name 列上创建带填充因子的非聚集索引 IX_teacher2_name,填充因子值为 60。

④ 删除数据表 department2 中的非聚集索引 IX_dep2_name。

⑤ 查看数据表 teacher2 上创建的索引信息。

学生管理系统数据的快速检索

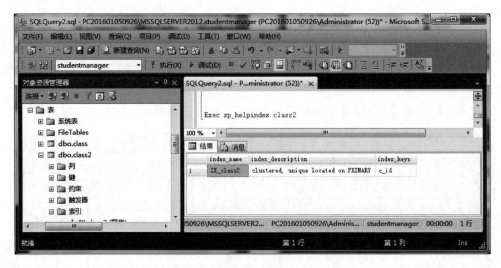

图 6-14   查看 class2 表中的索引信息

拓展实训   图书销售管理系统索引的操作

一、实训目的

1. 掌握使用管理平台创建索引、维护索引、删除索引的方法。

2. 掌握使用 SQL 语句创建索引、维护索引、删除索引的方法。

二、实训内容

1. 使用管理平台完成下面的内容。

（1）在数据表"图书分类表"的"图书分类名称"列上创建非聚集索引 IX_booktype。

（2）在数据表"供应商表"的"供应商名称"列上创建非聚集索引 IX_supname。

（3）删除在数据表"供应商表"和"图书分类表"中创建的非聚集索引 IX_supname 和 IX_booktype。

2. 使用 SQL 语句完成下面的内容。

（1）在数据表"图书分类表"的"图书分类名称"列上创建非聚集索引 IX_booktype，填充因子为 30。

（2）在数据表"供应商表"的"供应商名称"列上创建非聚集索引 IX_supname。

（3）删除在数据表"供应商表"和"图书分类表"中创建的非聚集索引 IX_supname 和 IX_booktype。

项 目 小 结

本项目详细讲解了提高查询速度的方法——索引，包括索引的作用、分类、设计原则，使用索引的利弊以及索引的创建、维护与删除。用户在实际应用中必须管理好索引，索引的数量以适度为宜。

思考与练习

一、选择题

1. 在 SQL Server 2012 中,顺序和表中记录的物理顺序相同的索引是（　　）。

    A. 聚集索引　　　　　B. 非聚集索引　　　　C. 唯一索引　　　　D. 主键索引

2. 下面对索引的相关描述正确的是（　　）。

    A. 经常被查询的列不适合建索引　　　　B. 小型表适合建索引

    C. 有很多重复值的列适合建索引　　　　D. 外键或主键的列不适合建索引

3. 在使用 CREATE INDEX 命令创建索引时 FILLFACTOR 选项定义的是（　　）。

    A. 填充因子　　　　B. 冗余度　　　　C. 索引页的填充率　D. 填充效率

4. 下列有关索引的说法正确的是（　　）。

    A. 当对表中的数据进行增、删、改的时候索引不需要变化

    B. 可以通过创建唯一索引保证数据表中每一行数据的唯一性

    C. 非聚集索引只能有一个,聚集索引可以有多个

    D. 索引越多越好

5. 创建唯一聚集索引的语句是（　　）。

    A. CREATE CLUSTERED INDEX 列名

    B. CREATE UNIQUE NONCLUSTERED INDEX 列名

    C. CREATE NONC IUSTERED INDEX 列名

    D. CREATE UNIQUE CLUSTERED INDEX 列名

二、上机操作题

1. 使用管理平台完成下面的内容。

（1）在数据表 department 的 depname 列上创建非聚集的唯一索引 IX_depname。

（2）在数据表 employee 的 empname 列上创建非聚集的唯一索引 IX_empname。

（3）删除在数据表 department 和 employee 中创建的索引 IX_depname 和 IX_empname。

2. 使用 SQL 语句完成下面的内容。

（1）在数据表 department 的 depname 列上创建非聚集的唯一索引 IX_depname。

（2）在数据表 employee 的 empname 列上创建非聚集的唯一索引 IX_empname,填充因子为 30。

（3）删除在数据表 department 和 employee 中创建的索引 IX_depname 和 IX_empname。

项目 7 学生管理系统中视图的操作

项 目 情 境

学生管理系统数据库中的数据分组存储在多个基本表中,然而用户只对基本表中感兴趣的那部分数据进行操作。为了简化用户的操作,缩小数据操作范围,可以在学生管理数据库系统中创建视图。

学习重点与难点

➢ 掌握使用管理平台创建视图、维护视图、删除视图的方法

➢ 掌握使用 SQL 语句创建视图、维护视图、删除视图的方法

学习目标

➢ 能使用管理平台创建视图、维护视图、删除视图

➢ 能使用 SQL 语句创建视图、维护视图、删除视图

任 务 描 述

任务 1　使用管理平台创建视图、维护视图、删除视图

任务 2　使用 SQL 语句创建视图、维护视图、删除视图

相 关 知 识

知识要点

➢ 视图

➢ 使用 T-SQL 语句创建视图

➢ 使用 T-SQL 语句修改视图

➢ 使用 T-SQL 语句删除视图

知识点 1　视图

1. 视图概述

视图是从一个或者几个基本表或视图中导出的虚拟表,是从现有基本表中抽取若干子集组成用户的"专用表",这种构造方式使用 SQL 中的 SELECT 语句来实现。

在定义一个视图时只是把其定义存放在数据库中,并不直接存储视图对应的数据,数据来源于基本表,视图是数据库中局部数据的展示,当基本表中的数据发生变化时,从视图中查询出来的数据也随之改变。

2. 视图的作用

① 视图可以满足不同用户的需求,使用户可以从多角度看待同一数据(把用户感兴趣的属性列集中起来放在一个视图中,将视图作为一张表来查询)。

② 视图可以简化用户的数据读取操作(将经常用到的复杂查询的语句定义为视图,简化查询操作)。

③ 视图保证了基本表数据和应用程序的逻辑独立性(视图作为中间桥梁)。

④ 视图可以对数据提供安全保护(限制数据访问)。

3. 视图的优点

① 为用户集中数据:视图只提取用户感兴趣的数据,隐藏其他数据。用户可以像处理表中的数据一样处理视图中的数据。

② 掩盖数据库的复杂性:

- 视图对用户是透明的,用户只在视图上进行查询操作,而不必知道视图是通过怎样复杂的语句创建的。
- 视图中数据的名称更友好,而不是数据库中常用的意思不明确的名称。

③ 简化用户权限的管理:

- 授予不同用户访问数据库的权限(对某个基本表的查询、更新等)。
- 把用户可以访问的数据表中的数据用视图来提取。

④ 视图存储复杂查询的结果,其他查询可以使用这些汇总结果,以便进行进一步分析。

4. 视图的缺点

在更新视图中的数据时实际上是对基本表中的数据进行更新,然而某些视图是不能更新数据的,这些视图有以下特征:

- 有集合操作符的视图(UNION(并)、INTERSECT(交)、EXCEPT(差))。
- 有分组子句的视图。
- 有集合函数的视图。
- 连接表的视图。

如果视图是从单个基本表使用选择和投影操作导出的,并且包括了基本表的主键或某个候选键,则可以执行更新操作。

5. 创建视图的注意事项

① 只能在当前数据库中创建视图。

② 视图名称必须遵循标识符规则,并且必须与数据库中的任何其他视图名或表名不同。

③ 可基于其他视图构建视图,嵌套不能超过 32 层,但是也可能受到视图安全性以及可用内存的限制。

④ 视图最多可包含 1024 列。

⑤ 以下情况必须指定列名:

- 视图的任何一列是从算术表达式、内置函数或常量派生的。

- 将进行连接的表中有同名的列。

⑥ 不能创建临时视图，也不能基于临时表创建视图。

⑦ 不能在定义视图的查询中包含 COMPUTER、COMPUTER BY 子句或 INTO 关键字。

⑧ 不能在定义视图的查询中包含 ORDER BY 子句。

知识点 2　使用 T-SQL 语句创建视图

1. 语法格式

```
CREATE VIEW <视图名>[(<列名> [,<列名>]…)]
[WITH ENCRYPTION]
AS < SELECT 查询>
[WITH CHECK OPTION]
```

2. 参数说明

- VIEW：创建视图的关键字。
- WITH ENCRYPTION：对视图定义语句加密。
- AS：引导创建视图的 SQL 查询语句。
- SELECT 查询：视图通过 SQL 语句生成，SQL 语句符合语法规则。
- WITH CHECK OPTION：在视图的基础上使用的插入、修改、删除语句，必须满足创建视图时 SELECT 查询中的 WHERE 子句的条件。

说明：

① 视图名后的列可以省略，若省略了视图名后的列，则视图结果集中的列为表中的列。

② 若指定视图中的列，则视图中列的数目必须与 SELECT 查询中列的数目相等。

知识点 3　使用 T-SQL 语句修改视图

使用 T-SQL 语句修改视图的语法格式如下：

```
ALTER VIEW <视图名>[(<列名> [,<列名>]…)]
[WITH ENCRYPTION]
AS < SELECT 查询>
[WITH CHECK OPTION]
```

其参数说明同视图的创建。

知识点 4　使用 T-SQL 语句删除视图

使用 T-SQL 语句删除视图的语法格式如下：

```
DROP VIEW <视图名>[,视图名,…]
```

说明：使用 DROP VIEW 命令可以删除多个视图，各视图名之间用逗号分隔。

提示：在删除视图时将从系统目录中删除视图的定义和有关视图的其他信息，还将删除视图的所有权限。

任务 1　使用管理平台创建视图、修改视图、删除视图

■ 任务分析

用户需要查询学生的相关信息,学生信息存在于多个基本表中,每个基本表包含若干列,用户可以创建视图,将感兴趣的表中的相应列放在一个集合中,实现数据操作。

◆ 任务实施

子任务1　使用管理平台创建视图

1. 创建视图 V_stu,存放学生基本信息,包括学号、性别、联系电话

【步骤1】启动 SSMS,在对象资源管理器中依次展开"数据库"→studentmanager,然后右击"视图",在弹出的快捷菜单中选择"新建视图"命令,如图 7-1 所示。

图 7-1　选择"新建视图"命令

【步骤2】在"添加表"对话框中选择创建视图依据的基本表 student,如图 7-2 所示,单击"添加"按钮,在将创建视图所依据的基本表全部添加完成后关闭此对话框,返回图 7-3 所示的界面,在此界面中可以进行视图的具体创建。

说明:创建视图的界面包括 4 个窗格,从上到下依次为关系窗格、条件窗格、SQL 窗格、结果窗格。

- 关系窗格:用来显示创建视图所依据的基本表之间的关系。
- 条件窗格:在创建视图时可以在此窗格设置列的别名、筛选条件、排序依据等选项,若要改变结果集中列的先后顺序,可以拖动列名左侧的按钮上下移动。
- SQL 窗格:用来显示创建视图时自动生成的 SQL 语句。

图 7-2　选择基本表

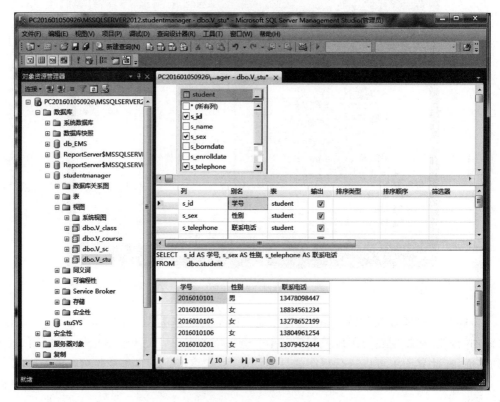

图 7-3　创建视图 V_stu

· 结果窗格：显示视图所包含的结果集。

【步骤 3】在"关系窗格"中选择创建视图需要的列名 s_id、s_sex、s_telephone，在"条件窗格"中设置列的别名分别为学号、性别、联系电话，然后单击视图设计器工具栏上的"执行"

按钮 ,如图 7-3 所示。

【步骤 4】单击"保存"按钮,弹出图 7-4 所示的对话框,输入视图名称"V_stu",然后单击"确定"按钮对视图进行保存。

图 7-4　保存视图 V_stu

【步骤 5】启动 SSMS,在对象资源管理器中依次展开"数据库"→studentmanager→"视图",如图 7-5 所示,可见视图创建成功。

图 7-5　查看已创建的视图

2. 创建视图 V_class,存放学生班级信息,包括学号、姓名、班级名称、班导师

【步骤 1】启动 SSMS,在对象资源管理器中依次展开"数据库"→studentmanager,然后右击"视图",在弹出的快捷菜单中选择"新建视图"命令。

【步骤 2】在"添加表"对话框中分别添加创建视图所依据的基本表 student、class,然后关闭此对话框。

【步骤 3】在"关系窗格"中选择创建视图需要的列名 s_id、s_name、c_name、c_mentor,在"条件窗格"中设置列的别名分别为学号、姓名、班级名称、班导师,然后单击视图设计器工具栏上的"执行"按钮 ,如图 7-6 所示。

说明:基本表之间通过主键和外键进行关联,主键所在的表为主表,外键所在的表为外表,在"关系窗格"中黄色钥匙一端为主表,另一端为外表。

【步骤 4】单击"保存"按钮,在弹出的对话框中输入视图名称"V_class",然后单击"确定"按钮保存视图,完成视图的创建。

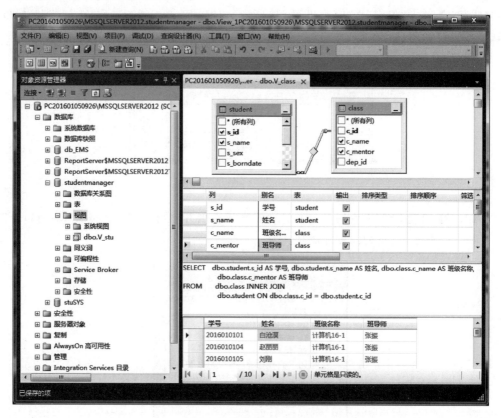

图 7-6　创建视图 V_class

3. 创建视图 V_course,存放学生选课基本信息,包括学号、课程号、课程名称、学分、课程类型

【步骤 1】启动 SSMS,在对象资源管理器中依次展开"数据库"→studentmanager,然后右击"视图",在弹出的快捷菜单中选择"新建视图"命令。

【步骤 2】在"添加表"对话框中分别添加创建视图所依据的基本表 student、s_c、course,然后关闭此对话框。

【步骤 3】在"关系窗格"中选择创建视图需要的列名 s_id、course_id、course_name、course_credit、course_type,在"条件窗格"中设置列的别名分别为学号、课程号、课程名称、学分、课程类型,然后单击视图设计器工具栏上的"执行"按钮　，如图 7-7 所示。

【步骤 4】单击"保存"按钮,在弹出的对话框中输入视图名称"V_course",然后单击"确定"按钮保存视图,完成视图的创建。

4. 创建视图 V_sc,存放学生成绩信息,包括学号、姓名、成绩

【步骤 1】启动 SSMS,在对象资源管理器中依次展开"数据库"→studentmanager,然后右击"视图",在弹出的快捷菜单中选择"新建视图"命令。

【步骤 2】在"添加表"对话框中分别添加创建视图所依据的基本表 student、s_c,然后关闭此对话框。

【步骤 3】在"关系窗格"中选择创建视图需要的列名 s_id、s_name、result,在"条件窗格"

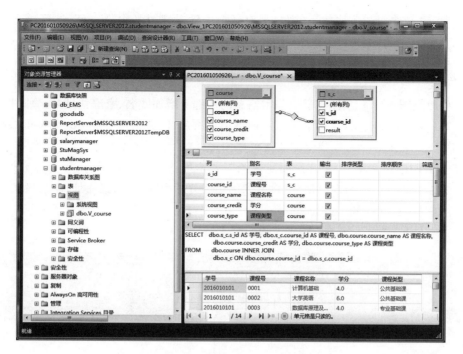

图 7-7　创建视图 V_course

中设置列的别名分别为学号、姓名、成绩,然后单击视图设计器工具栏上的"执行"按钮 ⚡,
如图 7-8 所示。

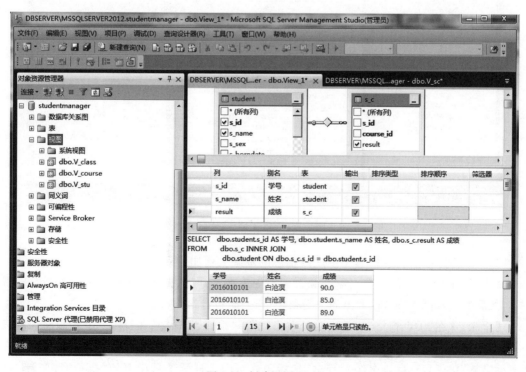

图 7-8　创建视图 V_sc

学生管理系统中视图的操作

【步骤4】单击"保存"按钮,在弹出的对话框中输入视图名称"V_sc",然后单击"确定"按钮保存视图,完成视图的创建。

子任务2 使用管理平台修改视图

1. 修改视图 V_stu,在已有学生基本信息的基础上增加姓名、家庭住址列,删除性别列

【步骤1】启动 SSMS,在对象资源管理器中依次展开"数据库"→studentmanager→"视图",然后右击视图 V_stu,在弹出的快捷菜单中选择"设计"命令。

【步骤2】在"关系窗格"中选择创建视图需要增加的列 s_name、s_address,去掉 s_sex 列前面的复选标记;在"条件窗格"中设置列的别名分别为姓名、家庭住址,单击视图设计器工具栏上的"执行"按钮 ,如图 7-9 所示。

【步骤3】单击"保存"按钮,完成视图的修改。

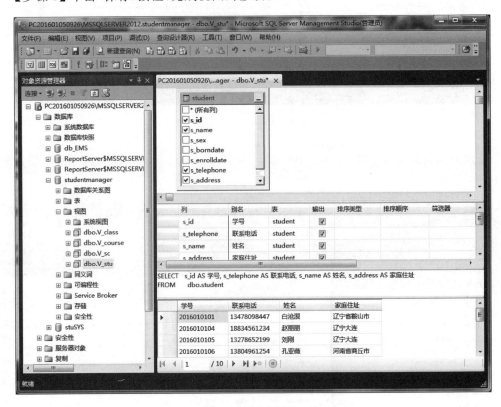

图 7-9 修改视图 V_stu

2. 修改视图 V_sc,在已有学生成绩信息的基础上增加课程名列

【步骤1】启动 SSMS,在对象资源管理器中依次展开"数据库"→studentmanager→"视图",然后右击视图 V_sc,在弹出的快捷菜单中选择"设计"命令。

【步骤2】在"关系窗格"中的空白处右击,选择"添加表"命令,在"添加表"窗口将课程表 course 添加到关系窗格中,在课程表 course 中选择创建视图需要增加的列 course_name,在"条件窗格"中设置列的别名为课程名,然后单击视图设计器工具栏上的"执行"按钮 ,如图 7-10 所示。

【步骤 3】单击"保存"按钮,完成视图的修改。

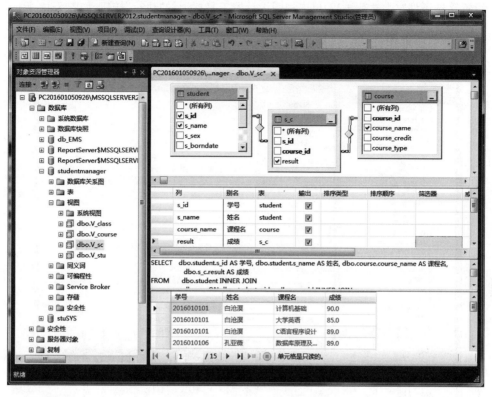

图 7-10　修改视图 V_sc

子任务 3　使用管理平台在视图上创建视图

1. 在视图 V_stu 的基础上创建视图 V_stu2,存放家庭住址在大连的学生的基本信息

【步骤 1】启动 SSMS,在对象资源管理器中依次展开"数据库"→studentmanager,然后右击"视图",在弹出的快捷菜单中选择"新建视图"命令。

【步骤 2】将"添加表"对话框切换到"视图"选项卡,添加视图 V_stu 到"关系窗格",然后关闭此对话框。

【步骤 3】在"关系窗格"中选择所有列;在"条件窗格"中的"家庭住址"列的"筛选器"文本框中设置筛选条件"LIKE '％大连％'",单击视图设计器工具栏上的"执行"按钮,如图 7-11 所示。

【步骤 4】单击"保存"按钮,在弹出的对话框中输入视图名称"V_stu2",然后单击"确定"按钮保存视图,完成视图的创建。

2. 在视图 V_sc 的基础上创建视图 V_sc2,存放选修"大学英语"课程的学生的成绩信息

【步骤 1】启动 SSMS,在对象资源管理器中依次展开"数据库"→studentmanager,然后右击"视图",在弹出的快捷菜单中选择"新建视图"命令。

【步骤 2】将"添加表"对话框切换到"视图"选项卡,添加视图 V_sc 到"关系窗格",然后关闭此对话框。

【步骤 3】在"关系窗格"中选择所有列；在"条件窗格"中的"课程名称"列的"筛选器"文本框中设置筛选条件"'大学英语'"，单击视图设计器工具栏上的"执行"按钮，如图 7-12 所示。

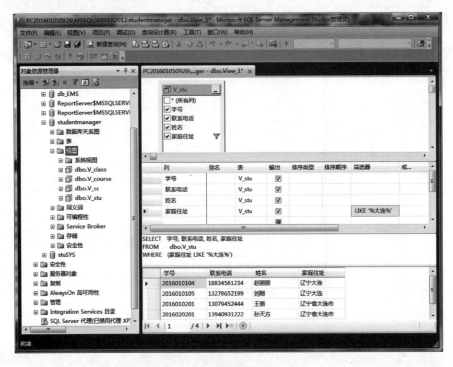

图 7-11 创建视图 V_stu2

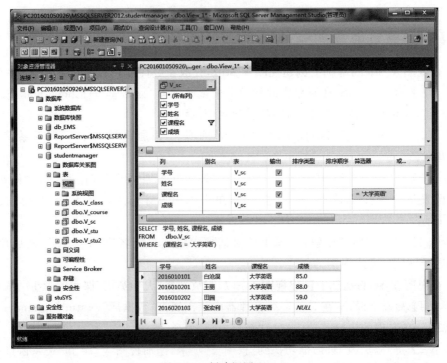

图 7-12 创建视图 V_sc2

【步骤4】单击"保存"按钮,在弹出的对话框中输入视图名称"V_sc2",然后单击"确定"按钮保存视图,完成视图的创建。

子任务4 使用管理平台删除视图

下面删除视图 V_course。

首先启动 SSMS,在对象资源管理器中依次展开"数据库"→studentmanager→"视图",然后右击,在弹出的快捷菜单中选择"删除"命令,如图 7-13 所示,接着在"删除对象"对话框中单击"确定"按钮,在"视图"上刷新,如图 7-14 所示。

图 7-13 删除视图 V_course

图 7-14 查看视图

学生管理系统中视图的操作

小组活动：

① 创建视图 V1，按班级编号升序存放学生信息。

② 创建视图 V2，存放"机械工程系"学生的相关信息，包括学号、姓名、系部名称、课程名称、成绩，且成绩高于 80。

任务 2　使用 SQL 语句创建视图、维护视图、删除视图

■ 任务分析

用户可以使用管理平台实现视图的创建、修改、删除，也可以使用 SQL 语句实现视图的创建、修改、删除。

◆ 任务实施

子任务 1　使用 SQL 语句创建视图

1. 创建视图 V_teac，存放教师基本信息，包括教师编号、教师姓名、性别、入职日期、职称，并进行加密处理

【步骤 1】启动 SSMS，单击工具栏上的"新建查询"按钮，打开一个空白的 .sql 文件，输入以下 SQL 语句：

```
CREATE VIEW V_teac(教师编号,教师姓名,性别,入职日期,职称)
WITH ENCRYPTION
AS
SELECT t_id,t_name,t_sex,t_entrydate,t_professor
FROM teacher
```

【步骤 2】单击 ✓ 按钮执行语法检查，语法检查通过之后单击"执行"按钮。

【步骤 3】在视图上进行数据查询，在 .sql 文件中执行 SQL 语句"SELECT ＊ FROM V_teac"，如图 7-15 所示。

2. 创建视图 V_dep，存放职称为"讲师"的教师基本信息，包括教师编号、性别、职称、基本工资、系部主任

【步骤 1】启动 SSMS，单击工具栏上的"新建查询"按钮，打开一个空白的 .sql 文件，输入以下 SQL 语句：

```
CREATE VIEW V_dep(教师编号,性别,职称,基本工资,系部主任)
AS
SELECT t.t_id,t_sex,t_professor,t_salary,dep_head
FROM teacher t,department d
WHERE t.dep_id = d.dep_id
```

【步骤 2】单击 ✓ 按钮执行语法检查，语法检查通过之后单击"执行"按钮。

【步骤 3】在视图上进行数据查询，在 .sql 文件中执行 SQL 语句"SELECT ＊ FROM V_dep"，如图 7-16 所示。

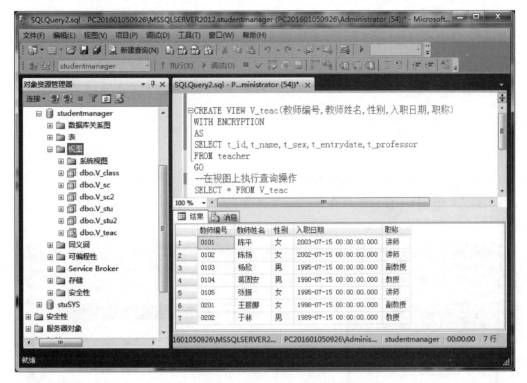

图 7-15　创建视图 V_teac

图 7-16　创建视图 V_dep

学生管理系统中视图的操作

3. 创建视图 V_tc,存放教师授课基本信息,包括教师编号、教师姓名、职称、课程号、课程名称

【步骤 1】启动 SSMS,单击工具栏上的"新建查询"按钮,打开一个空白的.sql 文件,输入以下 SQL 语句:

```
CREATE VIEW V_tc(教师编号,教师姓名,职称,课程号,课程名称)
AS
SELECT t.t_id,t_name,t_professor,c.course_id,course_name
FROM teacher t,t_c tc,course c
WHERE t.t_id = tc.t_id AND c.course_id = tc.course_id
```

【步骤 2】单击 ✓ 按钮执行语法检查,语法检查通过之后单击"执行"按钮。

【步骤 3】在视图上进行数据查询,在.sql 文件中执行 SQL 语句"SELECT * FROM V_tc",如图 7-17 所示。

图 7-17 创建视图 V_tc

子任务 2 使用 SQL 语句修改视图

1. 修改视图 V_dep,在已有教师基本信息的基础上增加教师姓名、入职日期、系部名称列

【步骤 1】启动 SSMS,单击工具栏上的"新建查询"按钮,打开一个空白的.sql 文件,输入以下 SQL 语句:

```
ALTER VIEW V_dep(教师编号,教师姓名,性别,入职日期,职称,基本工资,系部名称,系部主任)
AS
SELECT t.t_id,t_name,t_sex,t_entrydate,t_professor,t_salary,dep_name,dep_head
FROM teacher t,department d
WHERE t.dep_id = d.dep_id
```

【步骤2】单击 ✓ 按钮执行语法检查,语法检查通过之后单击"执行"按钮。

【步骤3】在视图上进行数据查询,在.sql 文件中执行 SQL 语句"SELECT * FROM V_dep",如图 7-18 所示。

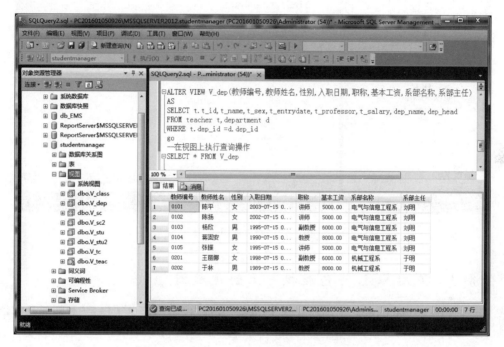

图 7-18　修改视图 V_dep

2. 修改视图 V_tc,在已有教师授课基本信息的基础上增加开课学期列,删除职称列

【步骤1】启动 SSMS,单击工具栏上的"新建查询"按钮,打开一个空白的.sql 文件,输入以下 SQL 语句:

```
ALTER VIEW V_tc(教师编号,教师姓名,课程号,课程名称,开课学期)
AS
SELECT t.t_id,t_name,c.course_id,course_name,term
FROM teacher t,t_c tc,course c
WHERE t.t_id = tc.t_id AND c.course_id = tc.course_id
```

【步骤2】单击 ✓ 按钮执行语法检查,语法检查通过之后单击"执行"按钮。

【步骤3】在视图上进行数据查询,在.sql 文件中执行 SQL 语句"SELECT * FROM V_tc",如图 7-19 所示。

学生管理系统中视图的操作

图 7-19 修改视图 V_tc

子任务 3 使用 SQL 语句在视图上创建视图

1. 在视图 V_dep 的基础上创建视图 V_dep2,存放"电气与信息工程系"教师的基本信息

【步骤 1】启动 SSMS,单击工具栏上的"新建查询"按钮,打开一个空白的 . sql 文件,输入以下 SQL 语句:

```
CREATE VIEW V_dep2
AS
SELECT * FROM V_dep
WHERE 系部名称 = '电气与信息工程系'
```

【步骤 2】单击 ☑ 按钮执行语法检查,语法检查通过之后单击"执行"按钮。

【步骤 3】在视图上进行数据查询,在 . sql 文件中执行 SQL 语句"SELECT * FROM V_dep2",如图 7-20 所示。

2. 在视图 V_tc 的基础上创建视图 V_tc2,存放第一学期开课的教师的授课信息

【步骤 1】启动 SSMS,单击工具栏上的"新建查询"按钮,打开一个空白的 . sql 文件,输入以下 SQL 语句:

```
CREATE VIEW V_tc2
AS
SELECT * FROM V_tc
WHERE 开课学期 = '1'
```

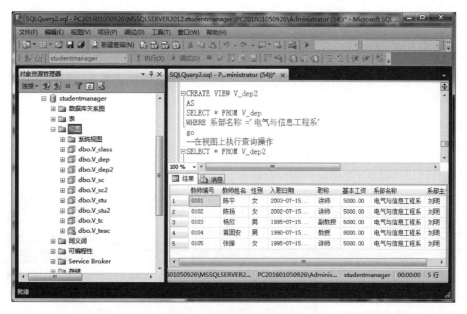

图 7-20　创建视图 V_dep2

【步骤 2】单击 ✓ 按钮执行语法检查,语法检查通过之后单击"执行"按钮。

【步骤 3】在视图上进行数据查询,在. sql 文件中执行 SQL 语句"SELECT ＊ FROM V_tc2",如图 7-21 所示。

图 7-21　创建视图 V_tc2

学生管理系统中视图的操作

子任务4 使用 SQL 语句在视图上进行数据操作

1. 在视图 V_teac 上查询"副教授"和"教授"职称的教师的信息

【步骤1】启动 SSMS,单击工具栏上的"新建查询"按钮,打开一个空白的.sql 文件,输入以下 SQL 语句:

```
SELECT * FROM V_teac WHERE 职称 IN('副教授','教授')
```

【步骤2】单击 ☑ 按钮执行语法检查,语法检查通过之后单击"执行"按钮,在"结果"选项卡中显示执行的情况,如图 7-22 所示。

图 7-22 在视图 V_teac 上实现查询

2. 在视图 V_teac 上录入一条记录

【步骤1】启动 SSMS,单击工具栏上的"新建查询"按钮,打开一个空白的.sql 文件,输入以下 SQL 语句:

```
INSERT INTO V_teac VALUES('0301','王思宇','男','2005-9-1','副教授')
```

【步骤2】单击 ☑ 按钮执行语法检查,语法检查通过之后单击"执行"按钮,然后打开视图 V_teac 查看,发现记录已成功录入,如图 7-23 所示。

【步骤3】视图 V_teac 基于单表 teacher 创建,打开该表查看,发现记录已成功插入表中,如图 7-24 所示。

说明:视图基于单表创建,且视图中没列出的列在表中的定义若允许为空或有默认值或是自动增长列,INSERT 语句都能执行成功。

3. 在视图 V_dep 上录入一条记录

【步骤1】启动 SSMS,单击工具栏上的"新建查询"按钮,打开一个空白的.sql 文件,输入以下 SQL 语句:

```
INSERT INTO V_dep VALUES('0302','赵阳','女','2010-9-1','讲师',
                5000,'建筑工程系','王天')
```

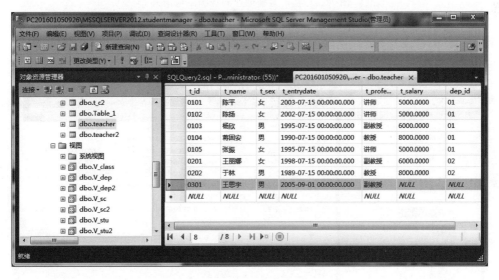

图 7-23　在视图 V_teac 上实现记录的录入

图 7-24　记录被成功录入 teacher 表

【步骤 2】单击 ✓ 按钮执行语法检查,语法检查通过之后单击"执行"按钮,在"消息"选项卡中显示执行的情况,如图 7-25 所示。

说明:基于多表连接创建的视图不可执行 INSERT 操作。

4. 在视图 V_teac 上修改记录,将教师"张振"的职称修改为"副教授"

【步骤 1】在修改视图 V_teac 上的记录之前查看 teacher 表中教师"张振"的职称为"讲师",如图 7-26 所示。启动 SSMS,单击工具栏上的"新建查询"按钮,打开一个空白的 .sql 文件,输入以下 SQL 语句:

```
UPDATE V_teac SET 职称 = '副教授' WHERE 教师姓名 = '张振'
```

【步骤 2】单击 ✓ 按钮执行语法检查,语法检查通过之后单击"执行"按钮,再次查看

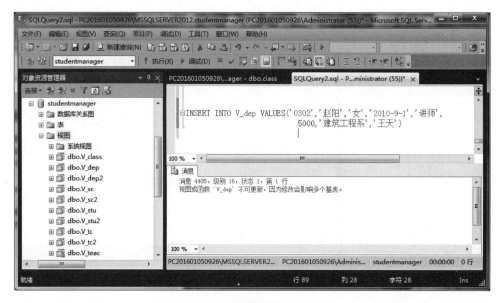

图 7-25　基于多表创建的视图不可录入

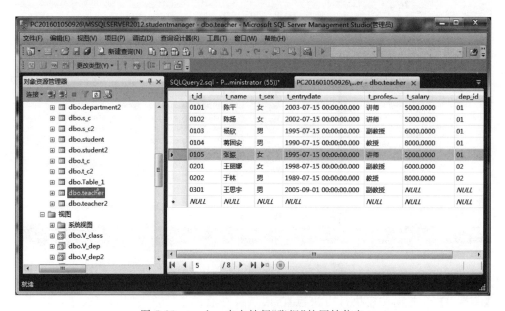

图 7-26　teacher 表中教师"张振"的原始信息

teacher 表中教师"张振"的职称，如图 7-27 所示。

5. 在视图 V_dep 上修改记录，将教师"陈平"的职称修改为"副教授"

【步骤 1】在修改视图 V_dep 上的记录之前查看 teacher 表中教师"陈平"的职称为"讲师"，如图 7-28 所示。启动 SSMS，单击工具栏上的"新建查询"按钮，打开一个空白的 . sql 文件，输入以下 SQL 语句：

```
UPDATE V_dep SET 职称 = '副教授' WHERE 教师姓名 = '陈平'
```

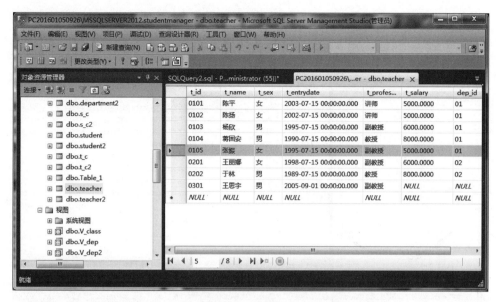

图 7-27　更新视图 V_teac 后 teacher 表中的内容

图 7-28　teacher 表中教师"陈平"的原始信息

【步骤 2】单击 ☑ 按钮执行语法检查,语法检查通过之后单击"执行"按钮,再次查看 teacher 表中教师"陈平"的职称,如图 7-29 所示。

6. 在视图 V_teac 上删除教师"张振"的信息

【步骤 1】teacher 表中的原始内容如图 7-27 所示,启动 SSMS,单击工具栏上的"新建查询"按钮,打开一个空白的 .sql 文件,输入以下 SQL 语句:

```
DELETE FROM V_teac WHERE 教师姓名 = '张振'
```

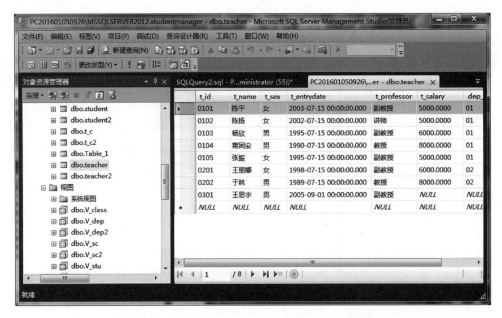

图 7-29　更新视图 V_dep 后 teacher 表中的内容

【步骤 2】单击 ✓ 按钮执行语法检查，语法检查通过之后单击"执行"按钮，再次查看 teacher 表中的内容，如图 7-30 所示，可见教师"张振"的信息已被成功删除。

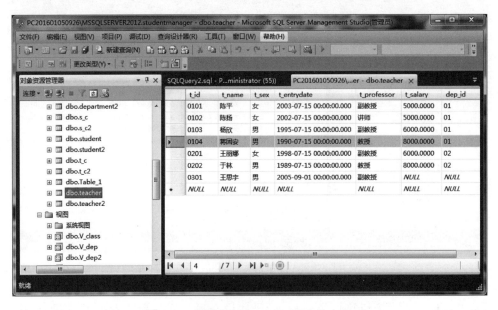

图 7-30　删除信息后 teacher 表中的内容

7. 在视图 V_dep 上删除教师"陈平"的信息

【步骤 1】teacher 表中的原始内容如图 7-27 所示，启动 SSMS，单击工具栏上的"新建查询"按钮，打开一个空白的 .sql 文件，输入以下 SQL 语句：

```
DELETE FROM V_dep WHERE 教师姓名 = '陈平'
```

【步骤2】单击✅按钮执行语法检查,语法检查通过之后单击"执行"按钮,在"消息"选项卡中显示执行的情况,如图7-31所示。

说明:基于多表连接创建的视图不可执行DELETE操作。

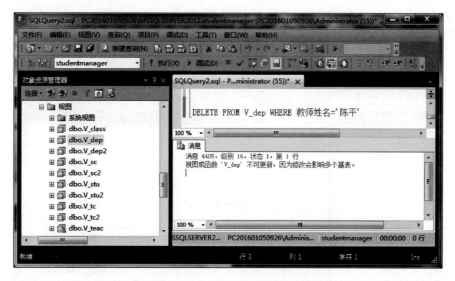

图7-31 基于多表创建的视图不可删除

子任务5 查看视图定义

查看视图定义语句的语法格式如下:

EXEC sp_helptext <视图名>

1. 查看视图 V_teac 的视图定义语句

启动SSMS,单击工具栏上的"新建查询"按钮,打开一个空白的.sql文件,输入SQL语句"EXEC sp_helptext V_teac",在"消息"选项卡中显示执行的情况,如图7-32所示。

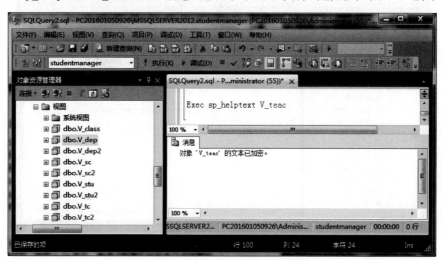

图7-32 查看视图 V_teac 的定义

说明：因为创建视图 V_teac 时使用了 WITH ENCRYPTION 子句，所以无法查看视图定义。

2. 查看视图 V_dep 的视图定义语句

启动 SSMS，单击工具栏上的"新建查询"按钮，打开一个空白的. sql 文件，输入 SQL 语句"EXEC sp_helptext V_dep"，在"结果"选项卡中显示执行的情况，如图 7-33 所示。

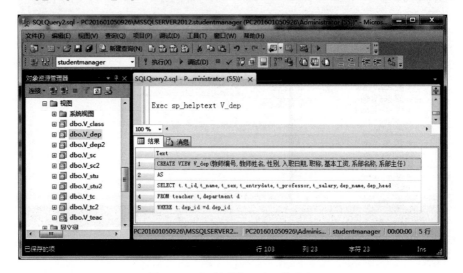

图 7-33　查看视图 V_dep 的定义

子任务 6　使用 SQL 语句删除视图

下面删除视图 V_teac 和 V_tc2。

启动 SSMS，单击工具栏上的"新建查询"按钮，打开一个空白的. sql 文件，输入 SQL 语句"DROP VIEW V_teac，V_tc2"，在"消息"选项卡中显示执行的情况，如图 7-34 所示。

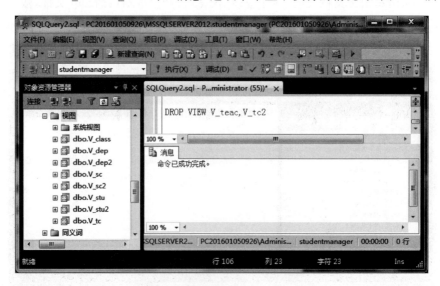

图 7-34　删除视图 V_teac、V_tc2

小组活动：

① 创建视图 V3,存放学生与班导师的基本信息,包括学号、姓名、联系电话、家庭住址、班级名称、班导师。

② 创建视图 V4,存放讲授"专业基础课"的教师的课程信息,包括教师姓名、课程名称、学分、课程类型。

拓展实训　图书销售管理系统视图的操作

一、实训目的

1. 掌握使用管理平台创建视图、修改视图的方法。

2. 掌握使用 SQL 语句创建视图、修改视图的方法。

二、实训内容

使用管理平台创建视图、修改视图：

1. 创建视图 V_book,存放图书常用信息,包括图书编号、图书名称、ISBN、作者、图书单价。

2. 创建视图 V_bookpub,存放图书出版信息,包括图书名称、ISBN、作者、出版日期、库存数量、出版社名称。

3. 修改视图 V_bookpub,在已有信息的基础上增加图书单价、出版社地址、联系电话列。

使用 SQL 语句创建视图、修改视图：

1. 创建视图 V_sale,存放图书销售情况,包括图书编号、图书单价、库存数量、供应商名称、销售单价、客户名称、销售日期。

2. 修改视图 V_sale,在已有信息的基础上增加图书名称、销售数量、客户联系电话列,并按员工编号升序显示信息。

项 目 小 结

本项目详细介绍了使用 T-SQL 语句创建、修改和删除视图的语法格式,并通过多个任务详解讲解了使用管理平台创建、修改、删除视图的方法以及如何使用 SQL 语句创建、修改、删除视图,还讲解了查看视图定义的方法。

视图可以简化用户操作,提高用户的查询效率,同时视图从另一方面增强了数据的安全性和可靠性。

思考与练习

一、填空题

SQL Server 视图中的数据可以来源于一个或多个数据库中的一个或者多个表,视图中的数据也可能是来自另外的＿＿＿＿＿。

二、选择题

1. 数据库中只存放视图的( )。
　　A. 操作　　　　　　　　B. 对应数据　　　　C. 定义　　　　　　D. 限制

2. 以下关于视图的描述正确的是( )。
　　A. 视图独立于表文件　　　　　　　　B. 视图可以删除
　　C. 视图只能从一个表派生出来　　　　D. 视图不可更新

3. 创建视图可以用命令( )。
　　A. ALTER VIEW　　　　　　　　　　B. CREATE VIEW
　　C. CREATE TABLE　　　　　　　　　D. EDIT VIEW

4. 统计学生的学号及平均成绩定义为一个视图,在创建这个视图的语句中使用的子句不包括( )子句。
　　A. SELECT　　　　　B. FROM　　　　C. GROUP BY　　　D. ORDER BY

5. 向视图中插入一条记录,则( )。
　　A. 只有视图中有这条记录　　　　　　B. 只有基表中有这条记录
　　C. 视图和基表中都有这条记录　　　　D. 视图和基表中都没有这条记录

6. 下列关于"视图"的叙述错误的是( )。
　　A. 可以依据视图创建视图
　　B. 视图是虚表
　　C. 使用视图可以加快查询语句的执行速度
　　D. 使用视图可以简化查询语句的编写

三、上机操作题

1. 使用管理平台创建视图、修改视图。

(1) 创建视图 V_emplo,存放员工常用信息,包括员工编号、员工姓名、职称、手机号码。

(2) 修改视图 V_emplo,存放员工部门信息,在已有信息的基础上增加部门名称、电话号码,并按部门编号降序显示信息。

2. 使用 SQL 语句创建视图、修改视图。

(1) 创建视图 V_sal,存放员工工资信息,包括员工编号、员工姓名、职称、基本工资、应发工资、个人所得税。

(2) 修改视图 V_sal,在已有信息的基础上增加奖金、福利、实发工资列内容,并按员工编号升序显示信息。

项目 8　学生管理系统数据库中的存储过程

项 目 情 境

在学生管理系统数据库中,教师和学生对数据进行录入、查询、更新、删除的操作可以使用查询语句和维护语句。部分教师和学生查询的数据是相同的,这样便出现了大量重复的操作,每个人都要重复编写查询语句,降低了查询效率。另一方面,教师和学生可以对数据库中的所有数据进行查询操作,这样使数据库信息很不安全,为了解决这些问题,本项目引入了存储过程,通过存储过程隐藏表的细节,提高数据库系统的安全性。

学习重点与难点

➢ 掌握使用 SQL 语句创建存储过程、删除存储过程的方法

➢ 掌握创建无参数存储过程的方法

➢ 掌握创建带参数存储过程的方法

➢ 掌握创建带默认参数、OUTPUT 参数的存储过程的方法

学习目标

➢ 能使用 SQL 语句创建存储过程、删除存储过程

➢ 能使用无参、带参数的存储过程解决数据查询、维护操作

➢ 能使用带默认参数、OUTPUT 参数的存储过程解决数据查询、维护操作

任 务 描 述

任务 1　使用 SQL 语句创建无参数存储过程并执行

任务 2　使用 SQL 语句创建带参数存储过程并执行

任务 3　使用 SQL 语句创建带默认参数、OUTPUT 参数的存储过程并执行

任务 4　使用管理平台、SQL 语句删除存储过程

相 关 知 识

知识要点

➢ 存储过程概述及分类

➢ 使用 T-SQL 语句创建存储过程

➢ 使用 T-SQL 语句执行存储过程

> 使用 T-SQL 语句修改存储过程
> 使用 T-SQL 语句删除存储过程

知识点 1 存储过程概述及分类

1. 存储过程概述

在大型数据库系统中存储过程和触发器具有很重要的作用。无论是存储过程还是触发器,都是 SQL 语句和流程控制语句的集合。就本质而言,触发器也是一种存储过程。存储过程在运算时生成执行方式,因此以后再对其运行时它的执行速度很快。

SQL Server 不仅提供了用户自定义存储过程的功能,而且提供了许多可作为工具使用的系统存储过程。

2. 存储过程的概念

存储过程(Stored Procedure)是一组用于完成特定功能的 SQL 语句集,经编译后存储在数据库中。用户通过指定存储过程的名字并给出参数(如果该存储过程带有参数)来执行存储过程。

3. 存储过程的分类

在 SQL Server 中存储过程主要分为两类,即系统提供的存储过程和用户自定义存储过程。

系统提供的存储过程主要存储在 master 数据库中并以 sp_为前缀,而且系统存储过程主要是从系统表中获取信息,从而为系统管理员管理 SQL Server 提供支持。通过系统存储过程,SQL Server 中的许多管理性或信息性的活动(如了解数据库对象、数据库信息)都可以被顺利、有效地完成。尽管这些系统存储过程被放在 master 数据库中,但是仍可以在其他数据库中对其进行调用,在调用时不必在存储过程名前加上数据库名。另外,当创建一个新数据库时一些系统存储过程会在新数据库中被自动创建。

用户自定义存储过程是由用户创建并能完成某一特定功能(如查询用户所需的数据信息)的存储过程。在本项目中所涉及的存储过程主要是指用户自定义存储过程。

4. 存储过程的优点

① 存储过程只在创建时进行编译,以后每次执行存储过程都不需再重新编译,而一般 SQL 语句每执行一次就编译一次,所以使用存储过程可以提高数据库的执行速度。

② 当对数据库进行复杂操作时(如对多个表进行 UPDATE、INSERT、QUERY、DELETE)可以将此复杂操作用存储过程封装起来与数据库提供的事务处理结合在一起使用。

③ 存储过程可以重复使用,可减少数据库开发人员的工作量。

④ 安全性高,可设定只有某用户具有对指定存储过程的使用权限,相对于直接使用 SQL 语句在应用程序中直接调用存储过程有以下好处。

- 减少网络通信量:调用一个行数不多的存储过程与直接调用 SQL 语句的网络通信量可能不会有很大的差别,可是如果存储过程包含上百行 SQL 语句,那么其性能绝对比一条一条调用 SQL 语句要高得多。

- 执行速度更快:有两个原因,首先在存储过程创建的时候数据库已经对其进行了一次解析和优化;其次,存储过程一旦执行,在内存中就会保留一份这个存储过程,这样下次再执行同样的存储过程时可以从内存中直接调用。

- 更强的适应性：由于应用程序对数据库的访问是通过存储过程进行的,因此数据库开发人员可以在不改动存储过程接口的情况下对数据库进行任何改动,而这些改动不会对应用程序造成影响。
- 分布式工作：应用程序和数据库的编码工作可以分别独立进行,且不会相互压制。

知识点2 使用 T-SQL 语句创建存储过程

1. 语法格式

```
CREATE PROC[EDURE] procedure_name [:number]
[{@parameter data_type }
[VARYING] [ = default] [OUTPUT]
]
[WITH
{RECOMPILE | ENCRYPTION | RECOMPILE,ENCRYPTION}]
[FOR REPLICATION]
AS sql_statement [ … n ]
```

2. 参数说明

- procedure_name：存储过程的名称。过程名必须符合标识符规则,且对于数据库及其所有者必须唯一。如果要创建局部临时存储过程,可以在 procedure_name 前面加一个编号符(♯procedure_name)；如果要创建全局临时存储过程,可以在 procedure_name 前面加两个编号符(♯♯procedure_name)。
- :number：可选的整数,用来对同名的存储过程分组,以便用一条 DROP PROCEDURE 语句即可将同组的过程一起除去。
- @parameter：存储过程中的参数。在 CREATE PROCEDURE 语句中可以声明一个或多个参数,称为形式参数,简称形参。用户必须在执行存储过程时提供每个所声明参数的值(除非定义了该参数的默认值),执行存储过程时,为形参提供的值称为实际参数,简称实参。
- data_type：参数的数据类型。所有数据类型(包括 text、ntext 和 image)均可以用作存储过程的参数。不过,cursor 数据类型只能用于 OUTPUT 参数。如果指定的数据类型为 cursor,也必须同时指定 VARYING 和 OUTPUT 关键字。
- VARYING：指定作为输出参数支持的结果集(由存储过程动态构造,内容可以变化)。其仅适用于游标参数。
- default：参数的默认值。如果定义了默认值,不必指定该参数的值即可执行存储过程。默认值必须是常量或 NULL。如果存储过程将对该参数使用 LIKE 关键字,那么默认值中可以包含通配符(％、_、[]和[^])。
- OUTPUT：表明参数是返回参数。该选项的值可以返回给 EXEC[UTE]。使用 OUTPUT 参数可以将信息返回给调用过程。text、ntext 和 image 参数可用作 OUTPUT 参数。使用 OUTPUT 关键字的输出参数可以是游标占位符。
- {RECOMPILE | ENCRYPTION | RECOMPILE,ENCRYPTION}：RECOMPILE 表明 SQL Server 不会缓存该过程的计划,该过程将在运行时重新编译。在使用非

典型值或临时值但不希望覆盖缓存在内存中的执行计划时请使用 RECOMPILE 选项。

ENCRYPTION 表示 SQL Server 加密 syscomments 表中包含 CREATE PROCEDURE 语句文本的条目。使用 ENCRYPTION 可防止将存储过程作为 SQL Server 复制的一部分发布。

- FOR REPLICATION：指定不能在订阅服务器上执行为复制创建的存储过程。使用 FOR REPLICATION 选项创建的存储过程可用作存储过程筛选，且只能在复制过程中执行。本选项不能和 WITH RECOMPILE 选项一起使用。
- AS：指定过程要执行的操作。
- sql_statement：过程中要包含的任意数目和类型的 T-SQL 语句。但它有一些限制。
- n：表示此过程可以包含多条 T-SQL 语句的占位符。

知识点 3 使用 T-SQL 语句执行存储过程

1. 执行无参数存储过程

语法格式：EXEC 存储过程名

2. 执行带参数存储过程

1）顺序法

传递的参数和定义的参数顺序一致，在执行存储过程传递参数值时不指定参数名。

语法格式：EXEC 存储过程名参数 1 值，参数 2 值，…

2）提示法

各个参数的顺序可以任意排列，在执行存储过程传递参数值时指定参数名。

语法格式：EXEC 存储过程名@参数 1＝值，@参数 2＝值，…

3. 参数的分类

1）输入参数

在执行存储过程时将实际参数的值传递给对应的形式参数，参与存储过程中的数据处理。输入参数在存储过程名后、AS 关键字前定义。

2）输出参数和返回值

使用输出参数和返回值，存储过程可将信息返回给调用的存储过程。若要返回信息，必须在创建和执行存储过程时同时指定 OUTPUT 关键字。若执行存储过程时省略了 OUTPUT 关键字，则存储过程正常执行，但不会返回信息。

在执行带 OUTPUT 参数的存储过程前必须声明相应的参数。

知识点 4 使用 T-SQL 语句修改存储过程

修改存储过程的语法格式如下：

```
ALTER PROC[EDURE] procedure_name [number]
[{@parameter data_type}
[VARYING] [ = default] [OUTPUT]
]
[WITH
{RECOMPILE|ENCRYPTION|RECOMPILE,ENCRYPTION}]
```

```
[FOR REPLICATION]
AS sql_statement [ … n ]
```

修改存储过程的语法格式与创建存储过程的语句格式相同,区别在于将关键字CREATE 用 ALTER 替换,其参数说明同创建存储过程中的参数说明。

知识点 5　使用 T-SQL 语句删除存储过程

删除存储过程的语法格式如下:

```
DROP PROCEDURE 存储过程名[, … ]
```

说明:一次可以删除多个存储过程,存储过程名之间用逗号分隔。

任务 1　使用 SQL 语句创建无参数的存储过程并执行

■ 任务分析

学生管理系统中经常要查询学生或教师的相关信息,每次查询都要重复编写查询语句可以通过创建存储过程实现快速查询。

◆ 任务实施

子任务 1　创建无参数的存储过程 PD1_s1

班导师经常会查询学生的学号、姓名、电话号码和家庭住址等信息(需设置别名),创建存储过程 PD1_s1,并执行实现查询的操作。

【步骤 1】启动 SSMS,单击工具栏上的"新建查询"按钮,打开一个空白的.sql 文件,输入以下 SQL 语句:

```
CREATE PROCEDURE PD1_s1
AS
BEGIN
SELECT s_id '学号',s_name '姓名',s_telephone '电话号码',s_address '家庭住址'
FROM student
END
```

【步骤 2】单击✓按钮执行语法检查,语法检查通过之后单击"执行"按钮执行 SQL 语句。

【步骤 3】在.sql 文件中执行 SQL 语句"EXEC PD1_s1",在"结果"选项卡中将会显示执行的情况,如图 8-1 所示。

子任务 2　创建无参数的存储过程 PD1_s2

系主任要查询"计算机 16-1"班的学生姓名、班级、课程名称、成绩等信息(需设置别名),创建存储过程 PD1_s2 并执行实现查询的操作。

【步骤 1】启动 SSMS,单击工具栏上的"新建查询"按钮,打开一个空白的.sql 文件,输入以下 SQL 语句:

```
CREATE PROCEDURE PD1_s2
AS
```

图 8-1　创建存储过程 PD1_s1 并执行

```
BEGIN
    SELECT s_name '姓名',c_name '班级',course_name '课程名称',result '成绩'
    FROM student s,course c,s_c sc,class cl
    WHERE s.s_id = sc.s_id AND c.course_id = sc.course_id AND s.c_id = cl.c_id
    AND c_name = '计算机 16 - 1'
END
```

【步骤 2】单击 ✓ 按钮执行语法检查，语法检查通过之后单击"执行"按钮执行 SQL 语句。

【步骤 3】在.sql 文件中执行 SQL 语句"EXEC PD1_s2"，在"结果"选项卡中将会显示执行的情况，如图 8-2 所示。

图 8-2　创建存储过程 PD1_s2 并执行

子任务3 创建无参数的存储过程 PD1_s3

创建存储过程 PD1_s3,若存在学号为"2016010203"的学生记录,则删除此学生的基本信息及其选课信息,同时显示学生表及成绩表中的信息;若不存在此学生,则显示"没有这个学生!"。执行此存储过程实现以上功能。

【步骤1】启动 SSMS,单击工具栏上的"新建查询"按钮,打开一个空白的.sql 文件,输入以下 SQL 语句:

```
CREATE PROCEDURE PD1_s3
AS
BEGIN
    IF EXISTS(SELECT * FROM student WHERE s_id = '2016010203')
        BEGIN
            DELETE FROM s_c WHERE s_id = '2016010203'
            DELETE FROM student WHERE s_id = '2016010203'
            SELECT * FROM student
            SELECT * FROM s_c
        END
    ELSE
        PRINT '没有这个学生!'
END
```

【步骤2】单击 ☑ 按钮执行语法检查,语法检查通过之后单击"执行"按钮执行 SQL 语句。

【步骤3】在.sql 文件中执行 SQL 语句"EXEC PD1_s3",在"结果"选项卡中将会显示执行的情况,如图 8-3 所示。

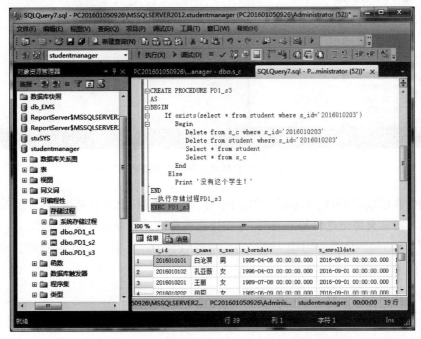

图 8-3 创建存储过程 PD1_s3 并执行

学生管理系统数据库中的存储过程

子任务 4　创建无参数的存储过程 PD1_s4 并进行加密处理

使用 SQL 语句创建的存储过程可以使用系统存储过程 sp_helptext 查看定义语句,若创建存储过程时使用了 WITH ENCRYPTION 参数,则使用系统存储过程 sp_helptext 无法查看其定义文本。

1. 使用系统存储过程 sp_helptext 查看存储过程 PD3_s2 的定义文本

【步骤 1】启动 SSMS,单击工具栏上的"新建查询"按钮,打开一个空白的 .sql 文件,输入以下 SQL 语句:

```
EXEC sp_helptext PD1_s3
```

【步骤 2】单击 ✅ 按钮执行语法检查,语法检查通过之后单击"执行"按钮执行 SQL 语句。在"结果"选项卡中将会给出存储过程的定义文本,如图 8-4 所示。

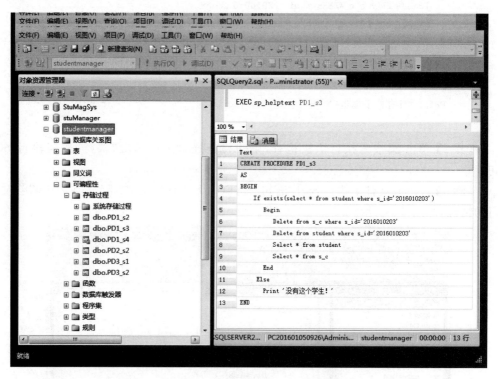

图 8-4　查看存储过程的定义文本

2. 创建存储过程 PD1_s4,检索学生的学号、姓名、性别、出生日期等信息(需设置别名),对定义语句进行加密处理,再使用系统存储过程查看其定义文本

【步骤 1】启动 SSMS,单击工具栏上的"新建查询"按钮,打开一个空白的 .sql 文件,输入以下 SQL 语句:

```
CREATE PROCEDURE PD1_s4
WITH ENCRYPTION
AS
BEGIN
```

```
SELECT s_id '学号',s_name '姓名',s_sex '性别',s_borndate '出生日期'
FROM student
END
```

【步骤2】单击 ✓ 按钮执行语法检查，语法检查通过之后单击"执行"按钮执行 SQL 语句。

【步骤3】在 .sql 文件中执行 SQL 语句"EXEC sp_helptext PD1_s4"，在"消息"选项卡中将会提示执行的情况，如图 8-5 所示。

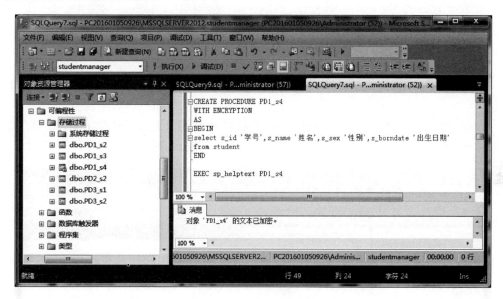

图 8-5　存储过程文本加密

小组活动：

① 创建存储过程 PD1_T1，查询所有教师的姓名、职称、所在系部、教授课程，并执行存储过程。

② 创建存储过程 PD1_T2，若存在教师编号为 0105 的教师记录，则删除此教师的基本信息及其授课信息，同时显示教师表及授课表中的信息；若不存在此教师，则显示"没有这位教师！"，执行此存储过程。

任务 2　使用 SQL 语句创建带参数的存储过程并执行

■ 任务分析

用户查询的数据相同时，可创建无参数存储过程，但多数情况下，因用户需求不同，需设置不同的条件，可以通过创建带参数的存储过程，在执行存储过程时，用实际参数代替存储过程中的形式参数，即可实现数据操作。

◆ 任务实施

子任务 1　创建带参数的存储过程 PD2_s1

查询指定学生姓名的学生学号、姓名、电话号码和家庭住址等信息，创建存储过程 PD2_

学生管理系统数据库中的存储过程

s1,使用参数"王丽",执行存储过程。

【步骤1】启动 SSMS,单击工具栏上的"新建查询"按钮,打开一个空白的 .sql 文件,输入以下 SQL 语句:

```
CREATE PROCEDURE PD2_s1
    @sname char(10)
AS
BEGIN
  SELECT s_id '学号',s_name '姓名', s_telephone '电话号码',s_address '家庭住址'
  FROM student
  WHERE s_name = @sname
END
```

【步骤2】单击 ☑ 按钮执行语法检查,语法检查通过之后单击"执行"按钮执行 SQL语句。

【步骤3】在 .sql 文件中执行 SQL 语句"EXEC PD2_s1 '王丽'"或者"EXEC PD2_s1 @sname='王丽'",在"结果"选项卡中将会显示执行的情况,如图 8-6 所示。

图 8-6　创建存储过程 PD2_s1 并执行

子任务 2　创建带参数的存储过程 PD2_s2

创建存储过程 PD2_s2,检索指定学生姓名的学生学号、姓名、课程号、成绩信息,使用参数"王丽",执行存储过程。

【步骤1】启动 SSMS,单击工具栏上的"新建查询"按钮,打开一个空白的 .sql 文件,输入以下 SQL 语句:

```
CREATE PROCEDURE PD2_s2
    @sname char(10)
AS
BEGIN
  SELECT s.s_id '学号',s_name '姓名', course_id '课程号',result '成绩'
  FROM student s, s_c sc
  WHERE s.s_id = sc.s_id AND s_name = @sname
END
```

【步骤2】单击 ✓ 按钮执行语法检查,语法检查通过之后单击"执行"按钮执行 SQL 语句。

【步骤3】在.sql 文件中执行 SQL 语句"EXEC PD2_s2 '王丽'"或者"EXEC PD2_s2 @sname='王丽'",在"结果"选项卡中将会显示执行的情况,如图8-7所示。

图 8-7　创建存储过程 PD2_s2 并执行

小组活动:创建存储过程 PD2_sc1,检索指定班级名称和课程名称的学生学号、姓名、班级名称、课程名称、成绩信息,使用参数"计算机 16-1"和"数据库原理及应用",执行存储过程(使用顺序法和提示法执行存储过程)。

任务3　使用 SQL 语句创建带默认参数、OUTPUT 参数的存储过程并执行

■ 任务分析

在创建存储过程进行数据操作时,在定义形式参数的同时可以设置其默认值(默认值必须为常量或者 NULL),在执行存储过程时,在不需要修改实参的情况下可以用默认值代替实参,需要使用关键字 default。

当需要通过存储过程将信息反馈给调用者时需要使用关键字 OUTPUT。

◆ **任务实施**

子任务 1　创建带默认参数的存储过程 PD3_s1

创建存储过程 PD3_s1,向 student 表中插入记录,性别默认值为"女",若没指定家庭住址,则默认值为"辽宁大连",执行存储过程。

【步骤 1】启动 SSMS,单击工具栏上的 新建查询(N) 按钮,打开一个空白的 .sql 文件,输入如下的 SQL 语句:

```
CREATE PROCEDURE PD3_s1
    @sno char(10),@sname varchar(10),
    @ssex char(2) = '女',@sborndate datetime,@senrolldate datetime,
    @stelephone char(11),@saddress varchar(30) = '辽宁大连',@cid char(10)
AS
BEGIN
    INSERT INTO student
    VALUES(@sno,@sname,@ssex,@sborndate,@senrolldate,
    @stelephone,@saddress,@cid)
END
```

【步骤 2】单击 ✔ 按钮执行语法检查,语法检查通过之后单击"执行"按钮执行 SQL 语句。

【步骤 3】在 .sql 文件中执行以下 SQL 语句:

```
EXEC PD3_s1 '2016010105','刘刚',default ,'1994 - 5 - 3', '2016 - 09 - 01', '13278652199',
default,'20160101'
```

或者

```
EXEC PD3_s1 @sno = '2016010104',@sname = '赵丽丽',@ssex = default , @sborndate = '1995 - 6 -
12',@senrolldate = '2016 - 09 - 01', @stelephone = '18834561234', @saddress = default,@cid
 = '20160101'
```

在"消息"选项卡中将会提示执行的情况,如图 8-8 所示。

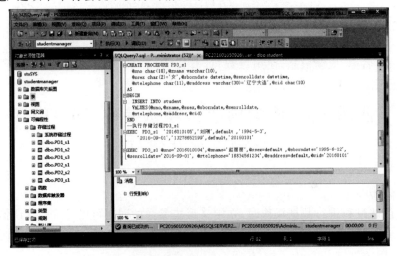

图 8-8　创建存储过程 PD3_s1 并执行

子任务 2　创建带 OUTPUT 参数的存储过程 PD3_s2

创建存储过程 PD3_s2,根据某学生学号输出该学生的姓名、联系方式和家庭住址,使用 2016010203 作为实参,执行存储过程。

【步骤 1】启动 SSMS,单击工具栏上的"新建查询"按钮,打开一个空白的. sql 文件,输入以下 SQL 语句:

```
CREATE PROCEDURE PD3_s2
(
    @sno char(10),
    @sname varchar(10)OUTPUT ,
    @telephone char(11) OUTPUT,
    @address varchar(30) OUTPUT
)
AS
SELECT @sname = s_name,@telephone = s_telephone,@address = s_address
FROM Student
WHERE s_id = @sno
SELECT '姓名' = @sname,'联系方式' = @telephone,'家庭住址' = @address
```

【步骤 2】单击 ✓ 按钮执行语法检查,语法检查通过之后单击"执行"按钮执行 SQL 语句。

【步骤 3】在. sql 文件中执行以下 SQL 语句:

```
DECLARE @sname char(10)
DECLARE @telephone char(11)
DECLARE @address varchar(30)
EXEC PD3_s2 '2016010105',@sname OUTPUT,@telephone OUTPUT,@address OUTPUT
```

在"结果"选项卡中将会显示执行的情况,如图 8-9 所示。

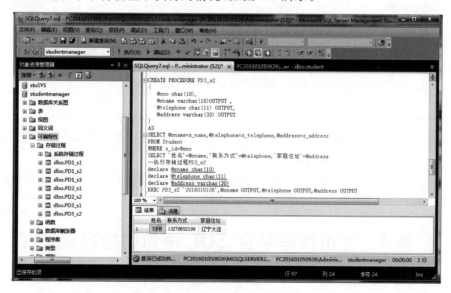

图 8-9　创建存储过程 PD3_s2 并执行

学生管理系统数据库中的存储过程

子任务 3 使用管理平台执行存储过程

现在存储过程 PD3_s2 已经创建完成,可以使用 SQL 语句执行存储过程,也可以使用管理平台执行存储过程。

【步骤1】启动 SSMS,在对象资源管理器中依次展开"数据库"→studentmanager→"可编程性"→"存储过程",然后右击 PD3_s2 存储过程,在弹出的快捷菜单中选择"执行存储过程"命令。

【步骤2】在"执行过程"对话框中输入参数"@sno"的值为"2016010105",单击"确定"按钮完成存储过程 PD3_s2 的执行,如图 8-10 所示。

图 8-10 使用管理平台执行存储过程

小组活动:

① 创建存储过程 PD3_t1,向 teacher 表中插入记录,性别默认值为"男",若没指定职称,则默认值为"讲师",执行此存储过程。

② 创建存储过程 PD3_c1,根据输入的课程编号将该门课程的学分增加 1 学分,并将修改后的学分输出,使用参数 0008,执行此存储过程。

任务 4 使用管理平台、SQL 语句删除存储过程

■ 任务分析

当创建的存储过程不再需要时可以删除,删除存储过程的方法有两种,一种是使用管理

平台删除存储过程,另一种是使用 SQL 语句删除存储过程。

◆ **任务实施**

子任务 1 使用管理平台删除存储过程 PD1_s1

【步骤 1】启动 SSMS,在对象资源管理器中依次展开"数据库"→studentmanager→"可编程性"→"存储过程",然后右击 PD1_s1 存储过程,在弹出的快捷菜单中选择"删除"命令。

【步骤 2】在"删除对象"对话框中单击"确定"按钮,完成存储过程 PD1_s1 的删除,如图 8-11 所示。

图 8-11 使用管理平台删除存储过程

子任务 2 使用 SQL 语句删除存储过程 PD2_s1

启动 SSMS,单击工具栏上的"新建查询"按钮,打开一个空白的 .sql 文件,输入以下 SQL 语句:

```
DROP PROC PD2_s1
```

在"消息"选项卡中将会显示执行情况,如图 8-12 所示。

学生管理系统数据库中的存储过程

图 8-12　使用 SQL 语句删除存储过程

拓展实训　图书销售管理系统存储过程的操作

一、实训目的

1. 掌握使用 SQL 语句创建存储过程、删除存储过程的方法。

2. 掌握使用管理平台、SQL 语句执行存储过程的方法。

二、实训内容

使用 SQL 语句创建、执行存储过程。

1. 创建存储过程 PD_bookpub，查询所有图书的图书名称、作者、出版社名称，执行存储过程。

2. 创建存储过程 PD_author，查询指定作者的图书名称、出版社名称、图书单价，执行存储过程。

3. 创建存储过程 PD_sale，查询指定图书编号的图书的销售信息，同时输出销售日期、销售数量、经手人，执行存储过程。

项 目 小 结

本项目详细介绍了存储过程的创建和执行，可以将常用的查询语句集成到一个存储过程中去实现，提高了查询效率，同时隐藏数据的细节，也提高了数据库中数据的安全性。

思考与练习

一、选择题

1. 在 SQL Server 服务器上存储过程是一组预先定义并(　　)的 T-SQL 语句。

    A. 保存　　　　　　　　B. 解释　　　　　　　C. 编译　　　　　　　D. 编写

2. 为了使用输出参数,需要在 CREATE PROCEDURE 语句中指定关键字(　　)。

    A. OPTION　　　　　B. OUTPUT　　　　C. CHECK　　　　　D. DEFAULT

3. 下列(　　)语句用于删除存储过程。

    A. CREATE PROCEDURE　　　　　　　B. CREATE TABLE

    C. DROP PROCEDURE　　　　　　　　D. DROP INDEX

4. sp_help 属于(　　)。

    A. 系统存储过程　　　　　　　　　　B. 用户定义存储过程

    C. 扩展存储过程　　　　　　　　　　D. 临时存储过程

5. 以下(　　)不是存储过程的优点。

    A. 实现模块化编程,一个存储过程可以被多个用户共享和重用

    B. 可以加快程序的运行速度

    C. 可以增加网络的流量

    D. 可以提高数据库的安全性

6. 存储过程经过一次创建以后可以被调用(　　)次。

    A. 1　　　　　　　　B. 2　　　　　　　C. 255　　　　　　　D. 无数

二、上机操作题(使用 SQL 语句)

1. 创建存储过程 PD1,根据指定的部门编号检索部门名称电话号码和传真信息,自定义实参,执行存储过程。

2. 创建存储过程 PD2,根据指定的员工编号检索员工姓名、出生日期、职称、手机号码信息,自定义实参,执行存储过程。

3. 创建存储过程 PD3,根据指定的员工编号检索员工姓名、职称、基本工资、奖金、福利信息,自定义实参,执行存储过程。

4. 创建存储过程 PD4,实现向 employee 表中插入记录时性别默认为"男"、职称默认为"讲师",自定义记录中的字段值,执行存储过程。

5. 创建存储过程 PD5,根据指定的员工编号输出员工姓名、职称、奖金、福利、社会保险金信息,使用 OUTPUT 参数实现。

项目 9　　学生管理系统数据库中的触发器

项 目 情 境

在学生管理系统数据库中创建数据表时使用数据完整性约束,以保证数据库中数据的正确性和一致性,防止非法数据的录入、更新。若要实现更为复杂的数据约束,可以使用触发器实现。

学习重点与难点
- ➢ 掌握使用 SQL 语句创建触发器、修改触发器、删除触发器的方法
- ➢ 掌握使用 SQL 语句创建 DML 触发器的方法
- ➢ 掌握使用 SQL 语句创建 DDL 触发器的方法

学习目标
- ➢ 能使用 SQL 语句创建 DML 触发器
- ➢ 能使用 SQL 语句创建 INSTEAD OF 触发器
- ➢ 能使用 SQL 语句创建 DDL 触发器

任 务 描 述

任务 1　使用 SQL 语句创建 DML 触发器
任务 2　使用 SQL 语句创建 INSTEAD OF 触发器
任务 3　使用 SQL 语句创建 DDL 触发器
任务 4　使用管理平台和 SQL 语句删除触发器

相 关 知 识

知识要点
- ➢ 触发器概述及分类
- ➢ 使用 T-SQL 语句创建 DML 触发器
- ➢ 使用 T-SQL 语句创建 DDL 触发器
- ➢ 使用 T-SQL 语句修改触发器
- ➢ 使用 T-SQL 语句删除触发器
- ➢ 触发器的禁用和启用

知识点1 触发器概述及分类

1. 触发器概述

触发器是一种特殊的存储过程,它不能被显式地调用,而是在对表进行插入记录、更新记录或者删除记录操作时被自动激活,所以触发器可以用来对表实施复杂的完整性约束。触发器可以减少人工输入数据出错的机会,提高数据的可靠性。

2. 触发器的分类

按照触发事件的不同,触发器分为 DML 触发器和 DDL 触发器。

① DML 触发器:DML 触发器响应数据操控语言(Data Manipulation Language)DML 事件,此时会触发 DML 触发器。DML 事件包括在表或视图上进行的 INSERT、UPDATE、DELETE 操作,还可以包含复杂的 SQL 语句。

② DDL 触发器:DDL 触发器响应数据定义语言(Data Definition Language)DDL 事件,此时会触发 DDL 触发器。DDL 事件包括 CREATE、ALTER、DROP 操作。它一般用于执行数据库中的管理任务,例如审核和规范数据库操作、防止数据库表结构被修改等。DDL 触发器只有 AFTER 触发器。

按照被激活的时机不同,DML 触发器又分为 AFTER 触发器和 INSTEAD OF 触发器。

① AFTER 触发器在执行 DML 操作语句之后执行,记录被修改完之后才会被激活执行,它主要是用于记录变更后的处理或检查,一旦发现错误,可以用 ROLLBACK TRANSACTION 语句来回滚本次的操作。

执行 AFTER 与执行 FOR 相同,只能在表上定义 AFTER 触发器。一个表针对不同操作,可以创建多个 AFTER 触发器。

② INSTEAD OF 触发器:一般用来取代原本的操作,在记录变更之前发生,它并不去执行原来 SQL 语句中的操作(INSERT、UPDATE、DELETE),而是去执行触发器本身所定义的操作。

用户可以在表或视图上定义 INSTEAD OF 触发器,每个表或视图针对每个触发器操作可以有一个相应的 INSTEAD OF 触发器。

INSTEAD OF 触发器用来代替触发操作(INSERT、UPDATE 和 DELETE),执行触发器语句,触发器先检查操作是否正确,如正确才进行相应的操作,因此 INSTEAD OF 触发器的动作要早于表的约束处理。

3. 触发器中的两个特殊的临时表

触发器执行时会产生两个临时表,即 inserted 表和 deleted 表。临时表与触发器表的结构相同,inserted 表与 deleted 表只在触发器中存在,而且是只读的,当触发器执行完毕时系统自动删除这两个表。用户可以通过测试临时表来确定应该执行什么样的操作。

在对触发器表进行 DML 操作时其操作过程与临时表的关联如下。

① 执行 INSERT 操作:插入到触发器表中的新行被插入到 inserted 表中。

② 执行 DELETE 操作:从触发器表中删除的行被插入到 deleted 表中。

③ 执行 UPDATE 操作:从触发器表中删除的旧行插入到 deleted 表中,插入到触发器表中的新行被插入到 inserted 表中。

因此,inserted 表中的行是触发器表和新行的副本,delete 表和触发器表通常没有相同的行。

4. 触发器的作用

① 触发器可以用来对表实施复杂的完整性约束,当触发器所保护的数据发生改变时触发器自动激活,从而防止对数据的不正确的修改。

② 如果发现引起触发器执行的 SQL 语句执行了非法操作,可以回滚事务使语句不执行,返回到事务执行前的状态。

③ 实现级联更新、级联删除操作。

④ 可以根据表中更新前与更新后的数据对比进行相应的操作。

⑤ 防止对数据库架构进行某些更改。

⑥ 当希望数据库中发生某种情况时响应数据库架构的更改。

⑦ 在触发器中可以查询表。

知识点 2　使用 T-SQL 语句创建 DML 触发器

1. 语法格式

```
CREATE TRIGGER <触发器名>
ON <基本表名|视图名>
[WITH ENCRYPTION]
FOR | AFTER | INSTEAD OF
    {[INSERT][,UPDATE][,DELETE]}
AS
<T-SQL语句块>
```

2. 参数说明

① CREATE TRIGGER:创建触发器关键字。

② 触发器名:触发器名必须符合标识符规则,且对于数据库及其所有者必须唯一。

③ On:指定创建触发器所依据的对象。

④ WITH ENCRYPTION:表示 SQL Server 加密 syscomments 表中包含 CREATE TRIGGER 语句文本的条目。

⑤ FOR|AFTER:用于规定触发器只有在 SQL 语句中指定的所有操作都已成功执行后才被触发。所有的应用级联操作和约束检查也必须成功完成后,才能执行触发器。如果仅指定 FOR 关键字,则 AFTER 是默认设置。注意该类型触发器仅能在表上创建,而不能在视图上定义该触发器。

⑥ INSTEAD OF:用于规定执行的是触发器而不是执行触发语句,从而用触发器替代触发语句的操作。在表或视图上,每个 INSERT、UPDATE 或 DELETE 语句最多可以定义一个 INSTEAD OF 触发器。INSTEAD OF 触发器不能在 WITH CHECK OPTION 的可更新视图上定义。

⑦ [DELETE][,INSERT][,UPDATE]:在表或视图上激活触发器的操作语句的关键字。必须至少指定一个选项。在触发器定义中允许以任意顺序组合这些关键字。如果指定的选项多余一个,需用逗号分隔这些选项。

⑧ AS:引导触发器语句。

⑨ T-SQL 语句块：触发器的操作。

知识点 3　使用 T-SQL 语句创建 DDL 触发器

1. 语法格式

```
CREATE TRIGGER <触发器名>
On {ALL SERVER|DATABASE}
[WITH ENCRYPTION ]
FOR|AFTER {激活 DDL 触发器的事件}
AS
<T-SQL 语句块>
```

2. 参数说明

① ALL SERVER：DDL 触发器建立在服务器上，常用的激活 DDL 触发器的事件如下。

- 对数据库的操作：CREATE _ DATABASE、ALTER _ DATABASE、DROP _ DATABASE。
- 登录操作：CREATE_LOGIN、ALTER_LOGIN、DROP_LOGIN。

② DATABASE：DDL 触发器建立在数据库上，常用的激活 DDL 触发器的事件如下。

- 对表的操作：Create_Table、Alter_Table、Drop_Table。
- 对视图的操作：Create_View、Alter_View、Drop_View。
- 对存储过程的操作：Create_Procedure、Alter_Procedure、Drop_Procedure。
- 对触发器的操作：Create_Trigger、Alter_Trigger、Drop_Trigger。
- 权限操作：GRANT、DENY、REVOKE 语句。

③ DDL 触发器不能指定 INSTEAD OF 触发器。

知识点 4　使用 T-SQL 语句修改触发器

修改触发器的语法格式（以 DML 触发器为例）：

```
ALTER TRIGGER <触发器名>
ON <基本表名|视图名>
[WITH ENCRYPTION]
FOR | AFTER | INSTEAD OF
    {[INSERT][,UPDATE][,DELETE]}
AS
<T-SQL 语句块>
```

修改触发器的语法格式与创建触发器的语句格式相同，区别在于将关键字 CREATE 用 ALTER 替换。

知识点 5　使用 T-SQL 语句删除触发器

删除触发器的语法格式如下：

```
DROP TRIGGER 触发器名[,…]
```

学生管理系统数据库中的触发器

说明：一次可以删除多个触发器，触发器名之间用逗号分隔。

知识点 6　触发器的禁用和启用

1. 触发器的禁用和启用语法格式

1）禁用触发器

禁用触发器不会删除该触发器，该触发器仍然作为对象存在于当前数据库中，但是当执行任意 INSERT、UPDATE、DELETE 语句（针对 DML 触发器）或其他数据定义语句时（针对 DDL 触发器）触发器将不会被触发。

禁用触发器的语法格式如下：

```
DISABLE TRIGGER trigger_name ON { object_name | DATABASE | ALL SERVER }
```

2）启用触发器

恢复被禁用的触发器，可以重新启用触发器。

```
ENABLE TRIGGER trigger_name ON { object_name | DATABASE | ALL SERVER }
```

2. 使用管理平台对触发器进行禁用和启用

展开数据库 studentmanager→"表"，展开触发器表→"触发器"，然后右击需要禁用的触发器名称，在弹出的快捷菜单中选择"禁用"命令，则表上的触发器不会被触发。同样，若要恢复表上的触发器，则右击需要启用的触发器名称，在弹出的快捷菜单中选择"启用"命令，则触发器便可触发语句激活，实现相应作用。

任务 1　使用 SQL 语句创建 DML 触发器

■ 任务分析

在对数据表进行操作时有些情况会涉及多个表的操作，需要分步对涉及的表进行操作，使用触发器可以实现级联操作。

◆ 任务实施

子任务 1　创建触发器 tr1_s1

创建触发器 tr1_s1，在录入学生信息时同时显示表中的所有记录，并执行测试语句。

【步骤 1】启动 SSMS，单击工具栏上的"新建查询"按钮，打开一个空白的 .sql 文件，输入以下 SQL 语句：

```
CREATE TRIGGER tr1_s1
ON student
FOR INSERT
AS
BEGIN
SELECT * FROM student
END
```

【步骤 2】单击 ☑ 按钮执行语法检查，语法检查通过之后单击"执行"按钮执行 SQL 语句。展开数据库 studentmanager→"表"→student,然后右击"触发器",在弹出的快捷菜单中选择"刷新"命令,则数据表 student 上的触发器 tr1_s1 创建完成,如图 9-1 所示。

图 9-1 创建触发器 tr1_s1

【步骤 3】在.sql 文件中执行激活触发器的 SQL 语句:

```
INSERT INTO student
VALUES('2016020102','王芳','女','1994 - 9 - 5','2016 - 9 - 1','13067854344','辽宁沈阳',
'20160201')
```

在"结果"选项卡中将会提示执行的情况,如图 9-2 所示。

子任务 2 创建触发器 tr1_s2

创建触发器 tr1_s2,在录入学生信息时同时将此学生的学号及大学英语课程号录入到成绩表中(大学英语是公共必修课),同时显示录入的记录信息,并执行测试语句。

【步骤 1】启动 SSMS,单击工具栏上的"新建查询"按钮,打开一个空白的.sql 文件,输入以下 SQL 语句:

```
CREATE TRIGGER tr1_s2
ON student
FOR INSERT
AS
BEGIN
DECLARE @sno char(10),@cno char(10)
SELECT @sno = s_id FROM inserted
sELECT @cno = course_id FROM course WHERE course_name = '大学英语'
INSERT INTO s_c VALUES(@sno,@cno,NULL)
SELECT * FROM s_c WHERE s_id = @sno
END
```

【步骤 2】单击 ✓ 按钮执行语法检查,语法检查通过之后单击"执行"按钮执行 SQL 语

学生管理系统数据库中的触发器

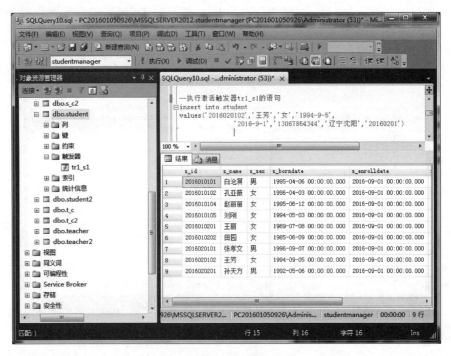

图 9-2　激活触发器 tr1_s1

句，如图 9-3 所示。

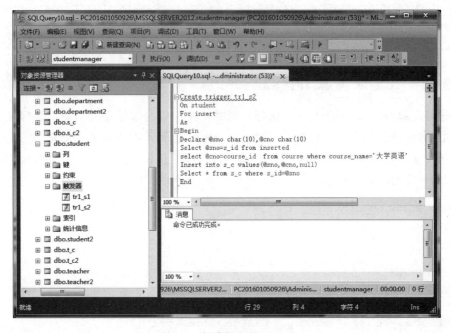

图 9-3　创建触发器 tr1_s2

【步骤 3】在 .sql 文件中执行激活触发器的 SQL 语句：

INSERT INTO student

```
VALUES('2016020103','张宏利','男','1994 - 3 - 15',
          '2016 - 9 - 1','13367841844','辽宁沈阳','20160201')
```

在"结果"选项卡中将会提示执行的情况,如图 9-4 所示。

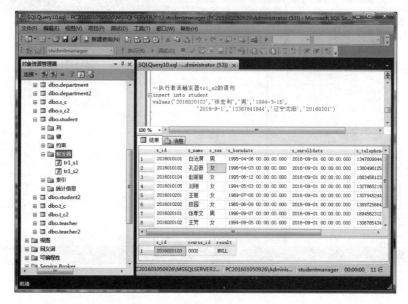

图 9-4　激活触发器 tr1_s2

如图 9-4 所示,对 student 表执行 INSERT 操作时激活了表上的所有 INSERT 触发器,执行结果有多个,一个表上过多的触发器使得数据逻辑变得复杂,数据操作比较隐含,不易进行调整、修改,因此可以对触发器进行禁用或启用设置。

展开数据库 studentmanager→"表"→student→"触发器",右击触发器 tr1_s1,在弹出的快捷菜单中选择"禁用"命令,如图 9-5 所示,然后再次执行图 9-4 中的 SQL 语句,结果只显示 s_c 表中的信息。

子任务3　创建触发器 tr1_s3

创建触发器 tr1_s3,在删除一个毕业学生的信息的同时删除这个学生的成绩记录。若没有此学生,则给出提示信息,并执行测试语句。

【步骤1】启动 SSMS,单击工具栏上的"新建查询"按钮,打开一个空白的.sql 文件,输入以下 SQL 语句:

```
CREATE TRIGGER tr1_s3
ON student
FOR DELETE
AS
BEGIN
      IF EXISTS(SELECT s_id FROM deleted)
        BEGIN
          DELECT FROM s_c WHERE s_id = (select s_id FROM deleted)
          SELECT * FROM student
        END
```

学生管理系统数据库中的触发器

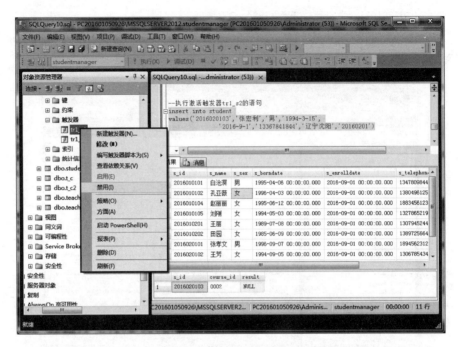

图 9-5　禁用触发器 tr1_s1

ELSE

PRINT '不存在这个学生的信息'

END

【步骤 2】单击☑按钮执行语法检查,语法检查通过之后单击"执行"按钮执行 SQL 语句,如图 9-6 所示。

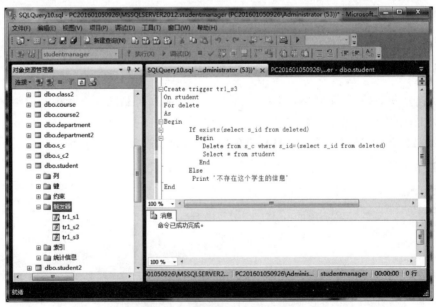

图 9-6　创建触发器 tr1_s3

【步骤3】在.sql 文件中执行激活触发器的 SQL 语句：

DELETE FROM student WHERE s_id = '2016020104'

在"消息"选项卡中将会提示执行的情况，如图 9-7 所示。

图 9-7　激活触发器 tr1_s3

子任务 4　创建触发器 tr1_s4

创建触发器 tr1_s4，当更新某个学生的学号时更新这个学生的选课信息，并执行测试语句。

【步骤1】启动 SSMS，单击工具栏上的"新建查询"按钮，打开一个空白的.sql 文件，输入以下 SQL 语句：

```
CREATE TRUGGER tr1_s4
ON student
FOR UPDATE
AS
BEGIN
     IF EXISTS(SELECT s_id FROM deleted)
       BEGIN
         UPDATE s_c SET s_id = ( SELECT s_id FROM inserted)
       WHERE s_id = ( SELECT s_id FROM deleted)
       SELECT s.s_id, s_name, result
       FROM student s, s_c sc
       WHERE s.s_id = sc.s_id AND s.s_id = ( SELECT s_id FROM inserted)
       END
     DLSE
       PRINT '没有这个学生的选课记录'
END
```

【步骤2】单击 ✓ 按钮执行语法检查，语法检查通过之后单击"执行"按钮执行 SQL 语句，如图 9-8 所示。

【步骤3】在.sql 文件中执行激活触发器的 SQL 语句：

UPDATE student SET s_id = '2016010106' WHERE s_id = '2016010102'

215

项目
9

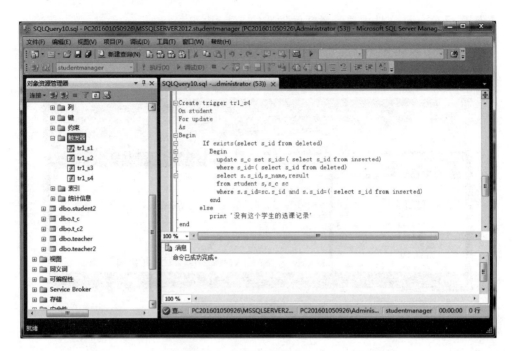

图 9-8　创建触发器 tr1_s4

在"消息"选项卡中将会提示执行的情况，如图 9-9 所示。

图 9-9　激活触发器 tr1_s4 出错

【步骤 4】由于触发器未被激活，需要到 s_c 表上设置级联操作。展开数据库 studentmanager→"表"，右击表 s_c，在弹出的快捷菜单中选择"设计"命令，然后在右侧窗口中右击，在弹出的快捷菜单中选择"关系"命令。

【步骤 5】在"外键关系"对话框中设置表 s_c 上的 INSERT 和 UPDATE 规范，将"更新规则"和"删除规则"同时设置为"级联"选项，如图 9-10 所示，再单击"关闭"按钮，然后单击"保存"按钮。

【步骤 6】在.sql 文件中再次执行激活触发器的 SQL 语句：

```
UPDATE student SET s_id = '2016010106' WHERE s_id = '2016010102'
```

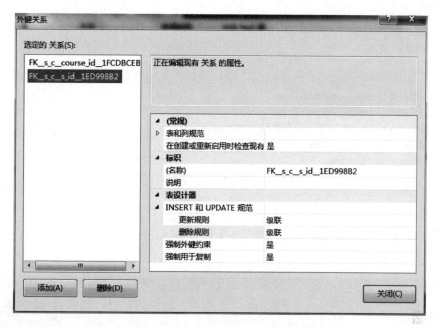

图 9-10　设置规则为级联

在"结果"选项卡中将会提示执行的情况,如图 9-11 所示。

图 9-11　激活触发器 tr1_s4

子任务5　创建触发器 tr1_s5

创建触发器 tr1_s5,在向学生表插入、更新记录时检测出生日期与注册日期的合法性,即出生日期应早于注册日期,若不合法给出提示,并撤销此操作,执行测试语句。

【步骤1】启动 SSMS,单击工具栏上的"新建查询"按钮,打开一个空白的.sql 文件,输入以下 SQL 语句:

学生管理系统数据库中的触发器

```
CREATE TRIGGER tr1_s5
ON student
AFTER INSERT,UPDATE
AS
BEGIN                                              -- 触发器的主体语句
    DECLARE @date0 smalldatetime                   -- 声明变量
    DECLARE @date1 smalldatetime
    SET @date0 = (SELECT s_borndate FROM inserted) -- 从临时表中取值赋给变量
    SET @date1 = (SELECT s_enrolldate FROM inserted)
    IF @date0 >@date1                              -- 如果不符合条件,则返回
        PRINT '出生日期>注册日期,student 表禁止此操作!'
        ROLLBACK TRANSACTION
END
```

【步骤 2】单击 ✓ 按钮执行语法检查,语法检查通过之后单击"执行"按钮执行 SQL 语句,如图 9-12 所示。

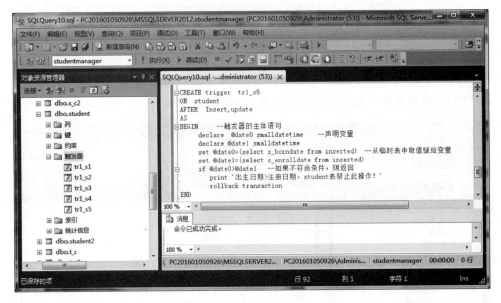

图 9-12　创建触发器 tr1_s5

【步骤 3】禁用 student 表上的触发器 tr1_s4,参照"任务 1 中的子任务 2"。
【步骤 4】在. sql 文件中执行激活触发器的 SQL 语句:

UPDATE student SET s_enrolldate = '1983 - 5 - 3' WHERE s_id = '2016010101'

在"消息"选项卡中将会提示执行的情况,如图 9-13 所示。
小组活动:
① 创建 DML 触发器 trg_t1,在录入教师信息时将此教师的教师编号及计算机基础课程编号录入到授课表中。
② 创建 DML 触发器 trg_t2,在删除一位教师的信息删除这位教师的授课记录。
③ 创建 DML 触发器 trg_tc,在更新某位教师的编号的同时更新这位教师的授课信息。

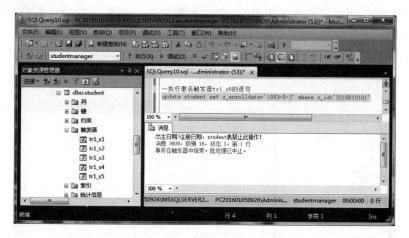

图 9-13　激活触发器 tr1_s5

任务 2　使用 SQL 语句创建 INSTEAD OF 触发器

■ 任务分析

在对数据表进行操作时可能会出现非法操作,违背数据的完整性,此时可以创建 INSTEAD OF 触发器根据判断条件执行相应的操作,从而禁止非法操作,保证了数据的正确性与一致性。

◆ 任务实施

创建触发器 tr2_s,在成绩插入到 s_c 表时验证是否有效,并做相应处理,执行测试语句。

【步骤 1】启动 SSMS,单击工具栏上的“新建查询”按钮,打开一个空白的. sql 文件,输入以下 SQL 语句:

```
CREATE TRIGGER tr2_s
ON s_c
INSTEAD oF insert
AS
BEGIN
  DECLARE @ score int
  SELECT @ score = result FROM inserted
  IF @ score < 0 OR @ score > 100
    BEGIN
    -- ROLLBACK TRANSACTINO
    PRINT '成绩必须在 0 到 100 之间!'
    END
  ELSE
    BEGIN
      PRINT'已经成功插入记录'
      INSERT INTO s_c SELECT * FROM inserted
      SELECT * FROM s_c WHERE s_id = (SELECT s_id FROM inserted)
    END
END
```

学生管理系统数据库中的触发器

【步骤2】单击 ✓ 按钮执行语法检查，语法检查通过之后单击"执行"按钮执行 SQL 语句，如图 9-14 所示。

图 9-14　创建触发器 tr2_s

【步骤3】在.sql 文件中执行激活触发器的 SQL 语句 1：

INSERT INTO s_c VALUES('2016020102','0001', − 2.0)

在"消息"选项卡中将会提示执行的情况，如图 9-15 所示。

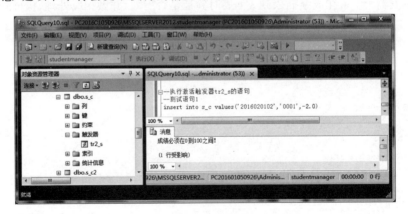

图 9-15　激活触发器 tr2_s，非法

【步骤4】在.sql 文件中执行激活触发器的 SQL 语句 2：

INSERT INTO s_c VALUES('2016010202','0001',89.0)

在"结果"选项卡中将会显示执行结果，如图 9-16 所示。

小组活动：创建 INSTEAD OF 触发器 trg_course，在录入课程信息时验证学分是否在 1 到 10 之间，并做相应处理。

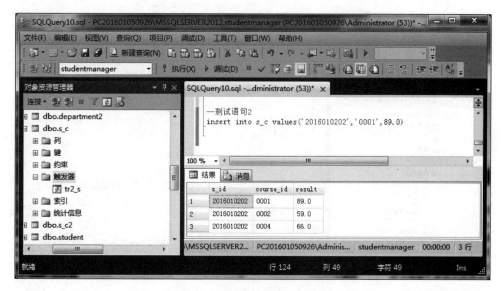

图 9-16　激活触发器 tr2_s,合法

任务3　使用 SQL 语句创建 DDL 触发器

■ 任务分析

在服务器中为防止对数据库的更改,或在操作数据库时为防止更改数据库的架构,可以创建 DDL 触发器。

◆ 任务实施

子任务1　创建触发器 tr3_DDL1

创建触发器 tr3_DDL1,防止对 studengmanager 数据库中任何表的修改或删除操作,并执行测试语句。

【步骤1】启动 SSMS,单击工具栏上的"新建查询"按钮,打开一个空白的. sql 文件,输入以下 SQL 语句:

```
CREATE TRIGGER tr3_DDL1
ON database
FOR drop_table,alter_table
AS
    PRINT '不允许修改或者删除数据库内的表'
    ROLLBACK TRANSACTION
```

【步骤2】单击 ✓ 按钮执行语法检查,语法检查通过之后单击"执行"按钮执行 SQL 语句,如图 9-17 所示。

【步骤3】在. sql 文件中执行激活触发器的 SQL 语句:

```
DROP TABLE student2
```

学生管理系统数据库中的触发器

图 9-17　创建触发器 tr3_DDL1

在"消息"选项卡中将会提示执行的情况，如图 9-18 所示。

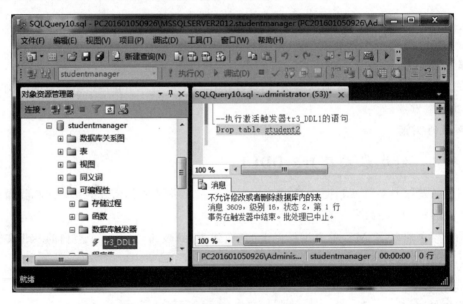

图 9-18　激活触发器 tr3_DDL1

子任务 2　创建触发器 tr3_DDL2

创建触发器 tr3_DDL2，禁止在 SQL Server 服务器中删除数据库，并执行测试语句。

【步骤 1】启动 SSMS，单击工具栏上的"新建查询"按钮，打开一个空白的.sql 文件，输入以下 SQL 语句：

```
CREATE TRIGGER tr3_DDL2
ON ALL SERVER
```

```
FOR DROP_DATABASE
AS
     PRINT '对不起,您不能删除数据库,请联系 dba'
     ROLLBACK TRANSACTION
```

【步骤 2】单击 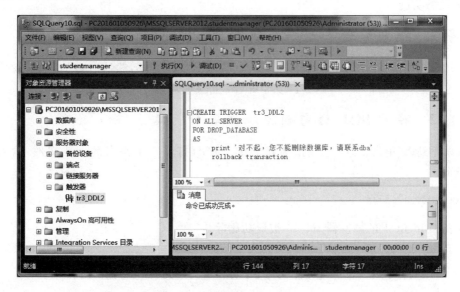 按钮执行语法检查,语法检查通过之后单击"执行"按钮执行 SQL 语句,如图 9-19 所示。

图 9-19　创建触发器 tr3_DDL2

【步骤 3】切换数据库为 master 数据库,否则提示无法删除数据库 studentmanager,因为该数据库当前正在使用。

【步骤 4】在.sql 文件中执行激活触发器的 SQL 语句:

```
DROP DATABASE studentmanager
```

在"消息"选项卡中将会提示执行的情况,如图 9-20 所示。

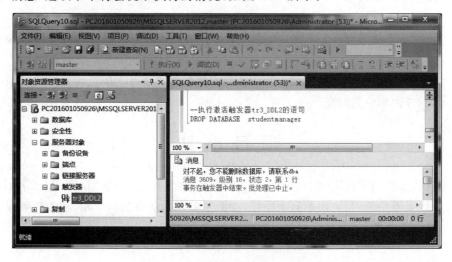

图 9-20　激活触发器 tr3_DDL2

学生管理系统数据库中的触发器

任务 4　使用管理平台和 SQL 语句删除触发器

■ **任务分析**

在触发器创建之后可以删除重新创建,或者在不需要的时候进行删除。

◆ **任务实施**

子任务 1　使用管理平台删除触发器 tr1_s3

展开数据库 studentmanager→"表"→student→"触发器",然后右击 tr1_s3,在弹出的快捷菜单中选择"删除"命令,则数据表 student 上的触发器 tr1_s3 被成功删除。

子任务 2　使用 SQL 语句删除触发器 tr1_s4

启动 SSMS,单击工具栏上的"新建查询"按钮,打开一个空白的.sql 文件,输入以下 SQL 语句:

```
DROP TRIGGER tr1_s4
```

则数据表 student 上的触发器 tr1_s4 被成功删除。

拓展实训　图书销售管理系统触发器的操作

一、实训目的

1. 掌握使用 SQL 语句创建 DML 触发器的方法。
2. 掌握使用 SQL 语句创建触发器的方法。
3. 掌握使用 SQL 语句创建 DDL 触发器的方法。

二、实训内容

使用 SQL 语句创建触发器:

1. 创建 DML 触发器 tri_book,当对图书库存表录入信息时显示更新前后表中的所有记录。

2. 创建 DML 触发器 tri_ruku,当在入库单表中录入或更新记录时检查图书编号是否合法。

3. 创建 INSTEAD OF 触发器 tri_sale,当在销售单表中录入或更新记录时判断客户编号是否合法,并做相应的处理。

项 目 小 结

本项目详细介绍了使用 T-SQL 语句创建 DML 触发器、INSTEAD OF 触发器、DDL 触发器,以及触发器的禁用、启用和删除操作,介绍了触发器的分类与作用,在创建触发器保证了表中数据的正确性与一致性,增强了数据库的安全性。

思考与练习

一、选择题

1. 以下（　　）事件不能激活 DML 触发器。

    A. SELECT   B. UPDATE   C. INSERT   D. DELETE

2. 下面关于触发器的描述错误的是（　　）。

    A. 触发器是一种特殊的存储过程，用户可以直接调用

    B. 触发器表和 deleted 表没有共同记录

    C. 触发器可以用来定义比 CHECK 约束更复杂的规则

    D. 删除触发器可以使用 DROP TRIGGER 命令，也可以使用管理平台

3. （　　）触发器可以定义在表上，也可以定义在视图上。

    A. INSERT   B. INSTEAD OF

    C. DDL   D. DML

4. DML 触发器主要针对（　　）语句创建。

    A. SELECT、INSERT、DELETE   B. SELECT、UPDATE、INSERT

    C. INSERT、UPDATE、DELETE   D. INSERT、UPDATE、CREATE

5. 对触发器表执行（　　）操作会同时涉及两个临时表（inserted 表和 deleted 表）的内容。

    A. SELECT   B. UPDATE   C. INSERT   D. DELETE

二、上机操作题

使用 SQL 语句创建触发器：

1. 创建 DML 触发器 tri_dep，当向 department 表录入数据时显示表中的所有记录信息。

2. 创建 DML 触发器 tri_emp，当在 employee 表更数据时检查部门编号是否合法。

3. 创建 DML 触发器 tri_emp2，当删除 employee 表中某个员工的信息时同时删除 salary 表中对应员工的信息。

4. 创建 INSTEAD OF 触发器 tri_sal，当在 salary 表录入或更新信息时判断员工编号是否合法，并做出相应的处理。

项目 10　学生管理系统数据安全性与安全管理

项 目 情 境

　　学生管理系统数据库提供数据共享服务，数据共享必然带来数据库的安全性问题。为了保护数据库以防止不合法的使用所造成的数据泄露、更改或破坏，可以创建视图限制用户访问数据的范围，创建存储过程和触发器增强系统的安全性和可靠性，对数据库进行备份，当数据库被破坏时通过备份文件进行数据库的还原，除此之外数据的安全性可以通过设置用户权限、角色、并发控制等实现。

学习重点与难点

> 理解 SQL Server 2012 的安全机制
> 掌握如何在 SQL Server 中设置身份验证模式
> 理解用户、角色和权限的概念
> 掌握权限、用户和角色的管理方法
> 了解事务和并发控制的概念

学习目标

> 能使用管理平台设置 SQL Server 中的身份验证模式
> 能使用管理平台创建 SQL Server 登录账户
> 能使用管理平台和 SQL 语句进行角色、权限和用户的管理

任 务 描 述

任务 1　使用管理平台设置 SQL Server 中的身份验证模式
任务 2　使用管理平台创建服务器登录账号
任务 3　使用管理平台进行角色管理
任务 4　使用管理平台进行数据库的权限管理
任务 5　使用 SQL 语句进行数据库的权限管理

相 关 知 识

知识要点

> 数据库的安全性与安全性控制

> SQL Server 中的身份验证模式
> 登录账号
> 角色管理
> 数据库权限管理
> 事务与并发控制

知识点 1 数据库的安全性与安全性控制

1. 数据库的安全性

数据库的安全性是指保护数据库以防止不合法的使用所造成的数据泄露、更改或破坏。

2. 数据库的安全性控制

实现数据库安全性控制的常用方法和技术如下。

① 用户标识和鉴别：该方法由系统提供一定的方式让用户标识自己的名字或身份。每次用户要求进入系统时由系统进行核对,通过鉴定后才提供系统的使用权。

② 存取控制：通过用户权限定义和合法权检查确保只有合法权限的用户访问数据库,所有未被授权的人员无法存取数据。

③ 视图机制：为不同的用户定义视图,通过视图机制把要保密的数据对无权存取的用户隐藏起来,从而自动对数据提供一定程度的安全保护。

④ 审计：建立审计日志,把用户对数据库的所有操作自动记录下来放入审计日志中,DBA 可以利用审计跟踪的信息重现导致数据库现有状况的一系列事件,找出非法存取数据的人、时间和内容等。

⑤ 数据加密：对存储和传输的数据进行加密处理,从而使不知道解密算法的人无法获知数据的内容。

3. SQL Server 安全机制

SQL Server 是一个高性能、多用户的关系型数据库管理系统。它是专为客户机、服务器计算环境设计的,是当前最流行的数据库服务器之一。它的内置数据复制功能、强大的管理工具和开放式的系统体系结构为基于事务的企业级管理方案提供了一个卓越的平台。

安全管理数据库管理系统必须提供的功能包含两个层次,一是对用户是否有权限登录到系统及如何登录的管理;二是对用户能否使用数据库中的对象并执行相应操作的管理。

SQL Server 的安全管理主要包括以下 4 个方面。

- 数据库登录管理。
- 数据库用户管理。
- 数据库权限管理。
- 数据库角色管理。

知识点 2 SQL Server 中的身份验证模式

访问 SQL Server 的第一步必须建立到 SQL Server 的连接,当用户使用 SQL Server 时需要经过两个安全性阶段,即身份验证阶段和权限验证阶段。

对于身份验证阶段,用户在 SQL Server 上获得对任何数据库的访问权限之前必须登录到 SQL Server 上,并且被认为是合法的。SQL Server 或者 Windows 对用户进行验证。如果验证通过,用户就可以连接到 SQL Server 服务器上,否则服务器将拒绝用户登录,从而保证了系统的安全性。

SQL Server 提供了两种验证,即 Windows 身份验证和 SQL Server 身份验证,由这两种身份验证派生出两种验证模式,即 Windows 身份验证模式和混合身份验证模式,如图 10-1 所示。

图 10-1 连接服务器选择验证模式

1. Windows 身份验证

SQL Server 数据库系统通常运行在 Windows 服务器平台上,Windows 本身具有管理登录、验证用户合法性的能力,因此 Windows 验证模式利用这一用户安全性和账号管理的机制允许 SQL Server 使用 Windows 操作系统的安全机制来验证用户身份,在这种模式下只要用户能够通过 Windows 的用户身份验证即可连接到 SQL Server 服务器上,而 SQL Server 本身不需要管理一套登录数据。

在 Windows 验证模式下,SQL Server 检测当前使用 Windows 的用户账户,并在系统注册表中查找该用户,以确定该用户是否有权限登录。这种验证模式只适用于能够进行有效身份验证的 Windows 操作系统,在其他操作系统下无法使用。

Windows 验证模式有以下主要优点:

① 数据库管理员的工作可以集中在管理数据库上,而不是管理用户账户。对用户账户的管理可以交给 Windows 完成。

② Windows 有着更强的用户账户管理工具,可以设置账户锁定、密码期限等。如果不是通过定制来扩展 SQL Server,SQL Server 是不具备这些功能的。

③ Windows 的组策略支持多个用户同时被授权访问 SQL Server。

在这种模式下,用户只需通过 Windows 验证就可以连接到 SQL Server 上,而 SQL Server 本身不再需要管理一套登录数据。Windows 身份验证采用了 Windows 安全特性的许多优点,包括加密口令、口令期限、域范围的用户账号及基于 Windows 的用户管理等,从而实现了 SQL Server 与 Windows 登录安全的紧密集成。

Windows 验证模式的优点是密码一次性访问,不必再记住 SQL Server 密码。

2. 混合身份验证

混合身份验证模式使用户可以使用 Windows 身份验证或 SQL Server 身份验证与 SQL Server 服务器连接。它将区分用户账号在 Windows 操作系统下是否可信,对于可信的连接用户系统直接采用 Windows 身份验证模式,否则 SQL Server 会通过账户的存在性和密码的匹配性自行验证。

在混合模式下,如果用户在登录时提供了 SQL Server 登录 ID,则系统将使用 SQLServer 身份验证,如果没有提供 SQL Server 登录 ID 而提供请求 Windows 身份验证,则使用 Windows 身份验证。

混合验证模式允许以 SQL Server 验证模式或者 Windows 验证模式进行验证,使用哪个模式取决于最初通信时使用的网络库,如果一个用户使用 TCP/IP 进行登录验证,则将使用 SQL Server 验证模式;如果用户使用命名管道,则登录时使用 Windows 验证。在 SQL Server 验证模式下,处理登录的过程为在输入登录名和密码后 SQL Server 在系统注册表中检测输入的登录名和密码,如果输入的登录名和密码正确,就可以登录到 SQL Server 服务器上。

混合验证模式具有以下优点:

① 创建了 Windows 之上的另外一个安全层次。

② 支持更大范围的用户,例如非 Windows 客户、Novell 网络等。

③ 一个应用程序可利用单个的 SQL Server 登录或口令。

3. 身份验证模式设置

SQL Server 的默认身份验证模式是 Windows 身份验证模式,这也是建议使用的一种模式。系统使用哪种验证模式可以在安装过程中或使用 SQL Server 的企业管理器指定。

在第一次安装 SQL Server 或者使用 SQL Server 连接其他服务器时需要指定验证模式。对于已经指定验证模式的 SQL Server 服务器,在 SQL Server 中还可以进行修改。SQL Server 的安全系统必须保证不能被未通过验证的用户访问。

知识点 3　登录账号

Windows 用户名和 SQL Server 登录名允许用户登录到 SQL Server 系统中。如果用户想继续对系统中的某个特定数据库进行操作,就必须有一个数据库用户账号。每个数据库要求单独的用户账户,每个用户账户都拥有该数据库中对象(表、视图和存储过程等)应用的一些安全权限,用户在数据库中进行的所有活动由 T-SQL 语句传到 SQL Server 的服务器上,以确定是否有权限。

所以,对于每一个要使用的数据库,用户必须拥有该数据库的账号。当然,如果没有这些特定的账号,用户也可以用 Guest 登录。数据库用户账号可以从已经存在的 Windows 用户账号、Windows 用户组、SQL Server 的登录名或者角色映射过来。

1. 服务器登录账号

登录属于服务器级的安全策略,要连接到服务器,首先要存在一个合法的登录账号。

1) 创建服务器登录账号

在 SSMS 中创建服务器登录账号的步骤如下:

① 在 SSMS 的对象资源管理器中展开"安全性"选项,在"登录名"上右击,在弹出的快捷菜单中选择"新建登录名"命令。

② 在"登录名"对话框中首先选择登录的验证模式,选中其前面的单选按钮。如果选中了"Windows 身份验证",则"登录名"设置为 Windows 登录账号即可,无须设置密码;如果选中了"SQL Server 身份验证"单选按钮,则需要设置一个"登录名"以及"密码"和"确认密码"。最后都可以再进行其他参数的设置。

③ 选择"选择页"中的"服务器角色"选项,出现服务器角色设定页面,可以为此登录账号的用户添加服务器角色,当然也可以不为此用户添加任何服务器角色。

④ 选择"选择页"中的"用户映射"选项,进入映射设置页面,可以为这个新建的登录添加映射到此登录名的用户,并添加数据库角色,从而使该用户获得数据库的相应角色对应的数据库权限。同样也可以不为此用户添加任何数据库角色。

⑤ 单击"确定"按钮,服务器登录账号创建完毕。

2)查看服务器登录账号

可以使用对象资源管理器查看登录账号:在 SSMS 中进入"对象资源管理器"面板,展开"安全性"选项,再展开"登录名"选项,即可看到系统创建的默认登录账号以及建立的其他登录账号。

2. 数据库用户账号

用户是数据库级的安全策略,在为数据库创建新的用户前必须创建用户的一个登录或者使用已经存在的登录创建用户。用户登录后,如果想要操作数据库,还必须有一个数据库用户账号,然后为这个数据库用户设置某种角色才能进行相应的操作。

1)创建数据库用户账号

在 SSMS 中创建数据库用户的具体步骤如下:

① 在 SSMS 的对象资源管理器中展开"数据库"选项,选中要创建用户的数据库,展开此数据库,例如教学库。然后展开"安全性"选项,在"用户"上右击,弹出快捷菜单,从中选择"新建用户"命令。

② 在"数据库用户-新建"对话框的"常规"页面中填写要创建的"用户名",选择此用户的服务器"登录名",选择"默认架构"名称,添加此用户拥有的架构,添加此用户的数据库角色。

③ 在"选择页"中选择"安全对象"选项,进入安全对象页面,该页面主要用于设置数据库用户拥有的能够访问的数据库对象以及相应的访问权限。单击"添加"按钮为该用户添加数据库对象,并为添加的对象添加相应权限。

④ 单击"确定"按钮,完成此数据库用户的创建。

2)查看数据库用户账号

可以使用对象资源管理器查看数据库用户:在 SSMS 的"对象资源管理器"面板中展开要查看的数据库,展开"安全性"选项,再展开"用户"选项,则显示目前数据库中的所有用户。

所有的登录账号信息存储在 master 数据库的系统表 sysxlogins 中。SQL Server 有一个默认登录账号 SA(System Administrator),它拥有 SQL Server 系统的全部权限,可以执行所有的操作。此外,Windows 系统的管理员 Administrator 也拥有 SQL Server 系统的全部权限。

知识点 4　角色管理

角色是一种 SQL Server 安全账户,是 SQL Server 内部的管理单元,是管理权限时可以视为单个单元的其他安全账户的集合。角色包含 SQL Server 登录、Windows 登录、组或其他角色(与 Windows 中的用户组类似),若用户被加入到某一个角色中,则具有该角色的权限。可以建立一个角色来代表单位中一类工作人员所执行的工作,然后给这个角色授予适当的权限。

SQL Server 管理者可以将某些用户设置为某一个角色,这样只对角色进行权限设置便可以实现对所有用户权限的设置,极大地减少了管理员的工作量。SQL Server 提供了用户通常管理工作的预定义服务器角色和数据库角色。如果有好几个用户需要在一个特定的数据库中执行一些操作,数据库拥有者可以在这个数据库中加入一个角色,实现特定操作权限。

一般而言,角色是为特定的工作组或者任务分类而设置的,用户可以根据自己所执行的任务成为一个或多个角色的成员。当然用户可以不必是任何角色的成员,也可以为用户分配个人权限。

在 SQL Server 的安全体系结构中包括几个含有特定隐含权限的角色。除了两类预定义的角色以外,数据库拥有者还可以自己创建角色,这些角色被分成两类,即固定服务器角色和数据库角色。

1. 固定服务器角色

固定服务器角色是在服务器级别定义的,所以存在于数据库外面,是属于数据库服务器的。在安装 SQL Server 时就创建了在服务器级别上应用的大量预定义的角色,每个角色对应着相应的管理权限。这些固定服务器角色用于授权给 DBA(数据库管理员),拥有某种或某些角色的 DBA 就会获得与相应角色对应的服务器管理权限。

通过给用户分配固定服务器角色可以使用户具有执行管理任务的角色权限。根据 SQL Server 的管理任务以及这些任务相对的重要性等级,把具有 SQL Server 管理职能的用户划分为不同的用户组,每一组所具有的管理 SQL Server 的权限都是 SQL Server 内置的,即不能对其进行添加、修改和删除,只能向其中加入用户或者其他角色。因此,固定服务器角色的维护比单个权限维护更容易一些,但是固定服务器角色不能修改。固定服务器角色权限如表 10-1 所示。

表 10-1　固定服务器角色的权限

角 色 类 型	权　　　限
sysadmin	可以在 SQL Server 服务器中执行任何操作
serveradmin	可以更改服务器范围的配置选项和关闭服务器
setupadmin	可以使用 T-SQL 语句添加和删除链接服务器
securityadmin	可以管理登录名及其属性,还可以重置 SQL Server 登录名的密码; 能够授予数据库引擎的访问权限和配置用户权限的能力,使得安全管理员可以分配大多数服务器权限;securityadmin 角色应视为与 sysadmin 角色等效
processadmin	管理在 SQL Server 服务器中运行的进程
dbcreator	可以创建、更改、删除和还原任何数据库
diskadmin	用于管理磁盘文件
bulkadmin	可以执行 BULK INSERT 语句进行大容量插入操作
public	每个 SQL Server 登录名都属于 public 服务器角色。如果未向某个服务器主体授予或拒绝对某个安全对象的特定权限,该用户将继承授予该对象的 public 角色的权限。只有在希望所有用户都能使用对象时才在对象上分配 public 权限,无法更改具有 public 角色的成员身份。一般情况下,public 角色允许用户使用某些系统过程查看并显示 master 数据库中的信息

public角色有两大特点,第一,初始状态时没有权限;第二,所有的数据库用户都是它的成员。

在SSMS中可以按以下步骤为用户分配固定服务器角色,从而使该用户获取相应的权限。

① 在对象资源管理器中展开服务器,再展开"安全性"选项,这时可以看到固定服务器角色,在要给用户添加的目标角色(如dbcreator)上右击,弹出快捷菜单,选择"属性"命令。

② 在"服务器角色属性"对话框中单击"添加"按钮,出现"选择登录名"对话框,单击"浏览"按钮。

③ 在"查找对象"对话框中选中目标用户前的复选框,然后选中用户,单击"确定"按钮。

④ 回到"选择登录名"对话框,可以看到选中的目标用户已包含在对话框中,确定无误后单击"确定"按钮。

⑤ 回到"服务器角色属性"对话框,确定添加的用户无误后单击"确定"按钮,完成为用户分配角色的操作。

2. 数据库角色

在SQL Server中,数据库级别上也有一些预定义的角色,在创建新数据库时都会添加这些角色到新创建的数据库中,每个角色对应着相应的权限。这些数据库角色用于授权给数据库用户,拥有某种或某些角色的用户会获得相应角色对应的权限。

当然也可以为数据库添加角色,然后把角色分配给用户,使用户拥有相应的权限。在SSMS中给用户添加角色(或者叫将角色授权用户)的操作与将固定服务器角色授予用户的方法类似,通过相应角色的属性对话框可以方便地添加用户,使用户成为角色成员。

1)固定数据库角色

固定数据库角色是为某一个用户或某一组用户授予不同级别的管理或访问数据库以及数据库对象的权限,这些权限是数据库专有的,并且还可以使一个用户具有属于同一个数据库的多个角色。固定数据库角色权限如表10-2所示。

表10-2 固定数据库角色的权限

角 色 名 称	权　　　限
db_owner	在数据库中有全部权限,是数据库中最高的管理角色
db_accessadmin	管理数据库中的用户账户,可以添加或删除用户、组或登录标识(id)
db_securityadmin	管理角色和数据库角色成员,对象所有权、语句执行权限以及数据库访问权
db_ddladmin	在数据库中创建、修改和删除数据库对象
db_backupoperator	执行对数据库的备份操作
db_datareader	能够读取数据库中任何表的所有数据
db_datawriter	能够修改数据库中任何表的所有数据
db_denydatareader	禁止读取数据库中任何表的所有数据
db_denydatawriter	禁止修改数据库中任何表的所有数据
public	每个数据库用户都是public角色的成员,不能将用户、组指派为public角色的成员,也不能删除public角色的成员

2）用户自定义数据库角色

创建用户自定义的数据库角色就是创建一组用户，这些用户具有相同的一组权限。如果一组用户需要执行在 SQL Server 中指定的一组操作并且不存在对应的 Windows 组，或者没有管理 Windows 用户账号的权限，就可以在数据库中建立一个用户自定义的数据库角色。

另外，在创建用户自定义数据库角色时创建者需要完成下列一系列任务：

① 创建新的数据库角色。

② 分配权限给创建的角色。

③ 将这个角色授予某个用户。

在 SSMS 中创建用户自定义的数据库角色的具体步骤如下：

① 在 SSMS 的对象资源管理器中展开要添加新角色的目标数据库，展开"安全性"选项。然后在"角色"选项上右击，弹出快捷菜单，选择"新建"中的"新建数据库角色"命令。

② 在"数据库角色-新建"对话框的"常规"页面中添加"角色名称"和"所有者"，并选择此角色所拥有的架构。在此对话框中也可以单击"添加"按钮为新创建的角色添加用户。

③ 选择"选择页"中的"安全对象"选项，单击"搜索"按钮，出现"添加对象"对话框。

④ 选择"特定对象"选项，单击"确定"按钮，出现"选择对象"对话框，然后单击"对象类型"按钮，出现"选择对象类型"对话框，这里选择"表"选项，单击"确定"按钮。

⑤ 回到"选择对象"对话框，单击"浏览"按钮，出现"查找对象"对话框，选择设置此角色的表，如"学生表""课程表"和"选课表"。

⑥ 进入权限设置页面，然后就可以为新创建的角色添加所拥有的数据库对象的访问权限，如"学生表""课程表"和"选课表"的"更新"和"选择"权限。

⑦ 单击"确定"按钮，自定义数据库角色创建完成。

知识点 5 数据库权限管理

权限用于控制对数据库对象的访问，以及指定用户对数据库可以执行的操作，用户在登录到 SQL Server 之后，其用户账号所归属的 Windows 组或角色被赋予的权限决定了该用户能够对哪些数据库对象执行哪种操作以及能够访问、修改哪些数据。

1. 权限的类别

用户可以设置服务器和数据库的权限。服务器权限允许数据库管理员执行管理任务，数据库权限用于控制对数据库对象的访问和语句执行。用户只有在具有访问数据库的权限之后才能够对服务器上的数据库进行权限下的各种操作。

1）服务器权限

服务器权限允许数据库管理员执行任务，这些权限定义在固定服务器角色中。这些固定服务器角色可以分配给登录用户，但这些角色是不能修改的。一般只把服务器权限授给 DBA（数据库管理员），他不需要修改或者授权给其他用户登录。

2）数据库对象权限

数据库对象是授予用户以允许用户访问数据库中对象的一类权限，对象权限对于使用 SQL 语句访问表或者视图是必需的。除了数据库中的对象权限以外，还可以给用户分配数据库权限。SQL Server 对数据库权限进行了扩充，增加了许多新的权限，这些数据库权限除了授权用户可以创建数据库对象和进行数据库备份以外,还增加了一些更改数据库对象的权限。

2. 权限的操作

SQL Server 中的权限控制操作可以通过在 SSMS 中对用户的权限进行设置,也可以使用 T-SQL 提供的 GRANT(授予)、REVOKE(撤销)和 DENY(禁止)语句完成。

1) 在 SSMS 中设置权限

在 SSMS 中给用户设置权限的具体步骤如下:

① 在 SSMS 的对象资源管理器中展开目标数据库的"用户"选项,在目标用户上右击,在弹出的快捷菜单中选择"属性"命令。

② 在"数据库用户"对话框中选择"选择页"中的"安全对象"选项,进入权限设置页面,单击"搜索"按钮,在"添加对象"对话框中选中要添加的对象类别前的单选按钮(如"特定对象"),添加权限的对象类别,然后单击"确定"按钮。

③ 在"选择对象"对话框中单击"对象类型"按钮。

④ 在"选择对象类型"对话框中选中需要添加权限的对象类型前的复选框,然后单击"确定"按钮。

⑤ 回到"选择对象"对话框,在该对话框中出现了刚才选择的对象类型,单击该对话框中的"浏览"按钮。在"查找对象"对话框中依次选中要添加权限的对象前的复选框,单击"确定"按钮。再次回到"选择对象"对话框,可见其中已包含了选择的对象。确定无误后单击该对话框中的"确定"按钮,完成对象的选择操作。

⑥ 回到"数据库用户"对话框,其中已包含用户添加的对象,依次选择每一个对象,并在下面的该对象的"显示权限"窗口中根据需要选中"授予/拒绝"列的复选框,添加或禁止对该(表)对象的相应访问权限。在设置完每一个对象的访问权限后单击"确定"按钮,完成给用户添加数据库对象权限的所有操作。

2) 使用 T-SQL 设置权限

数据库中的权限始终授予数据库用户、角色和 Windows 用户或组,但从不授予 SQL Server 登录。为数据库中的用户或角色设置适当权限的方法有使用 GRANT 授予权限、DENY 禁止权限和 REVOKE 撤销权限。

(1) 授予权限语句

T-SQL 语句中的 GRANT 命令的语法格式如下:

```
GRANT <权限>[,<权限>, … ]
[ ON <对象类型> <对象名> ]
TO <用户> [,<用户> , … ]
[ WITH GRANT OPTION ]
```

参数说明:

- GRANT:授予权限关键字,将对指定操作对象的指定操作权限授予给指定的用户。
- 权限:可以是对象权限,也可以是语句权限。
- ON:授予权限指定的对象。
- TO:接受权限的用户可以是一个或多个具体用户,也可以是 public,即全体用户。
- WITH GRANT OPTION:获得某种权限的用户可以把这种权限再授予其他用户,

若没有指定 WITH GRANT OPTION 子句,则获得权限的用户只能使用该权限,不能转授权限。

（2）撤销权限语句

T-SQL 语句中的 REVOKE 命令的语法格式如下：

```
REVOKE <权限>[,<权限>, … ]
[ ON <对象类型> <对象名> ]
FROM <用户> [,<用户> , … ]
[ CASCADE]
```

参数说明：

- REVOKE：撤销权限关键字,从指定用户收回指定对象的指定权限。
- CASCADE：在撤销用户权限的同时也撤销此用户转授给其他用户的权限。

（3）禁止权限语句

T-SQL 语句中的 DENY 命令的语法格式如下：

```
DENY <权限>[,<权限>, … ]
[ ON <对象类型> <对象名> ]
FROM <用户> [,<用户> , … ]
[ CASCADE]
```

其中参数的含义与 GRANT 和 REVOKE 命令的完全相同。

DENY 语句拒绝对 SQL Server 的特定数据库对象的权限,防止主体通过其组或角色成员身份继承权限。

（4）数据库中权限的分类

- 对象权限：用于决定用户对数据库对象执行的权利,如表 10-3 所示。

表 10-3　对象权限

语　　句	适 用 对 象
SELECT	表、视图、列
INSERT	表、视图
UPDATE	表、视图、列
DELETE	表、视图
REFERENCES	表、列
EXECUTE	存储过程、函数

- 语句权限：用于决定用户能否操作数据库和创建数据库对象,该权限针对于语句,如表 10-4 所示。

表 10-4　语句权限

语　　句	作　　用
CREATE DATABASE	创建数据库
CREATE TABLE	在数据库中创建表
CREATE VIEW	在数据库中创建视图
CREATE FUNCTION	在数据库中创建函数

续表

语　　句	作　　用
CREATE PROCEDURE	在数据库中创建存储过程
CREATE RULE	在数据库中创建规则
CREATE DEFAULT	在数据库中创建默认值对象
BACKUP DATABASE	备份数据库
BACKUP LOG	备份日志

知识点 6　事务与并发控制

1. 事务概述

事务处理是数据库的主要工作，事务由一系列的数据操作组成，是数据库应用程序的基本逻辑单元，用来保证数据的一致性。

事务和存储过程类似，由一系列 T-SQL 语句组成，是 SQL Server 系统的执行单元。在数据库处理数据的时候有一些操作是不可分割的整体。例如，当用银行卡消费的时候首先要从账户扣除资金，然后再添加资金到公司的户头上。在这个过程中用户所进行的实际操作可以理解成不可分割的，不能只扣除不添加，当然也不能只添加不扣除。

在 SQL Server 中要求处理事务时必须满足 4 个原则，即原子性、一致性、隔离性和持久性。

① 原子性：事务必须是原子工作单元，对于其数据修改，要么全都执行，要么全都不执行。

② 一致性：一致性要求事务执行完成后将数据库从一个一致状态转变到另一个一致状态。即在相关数据库中所有规则都必须应用于事务的修改，以保持所有数据的完整性，事务结束时所有的内部数据结构都必须是正确的。例如在转账的操作中各账户金额必须平衡，这一规则对于程序员而言是一个强制的规定，由此可见一致性与原子性是密切相关的。

③ 隔离性：也称为独立性，是指并行事务的修改必须与其他并行事务的修改相互独立。保证事务查看数据时数据所处的状态，只能是另一并发事务修改它之前的状态或者是修改它之后的状态，而不能是中间状态。隔离性意味着一个事务的执行不能被其他事务干扰，即一个事务内部的操作及使用的数据对并发的其他事务是隔离的，并发执行的各个事务之间不能互相干扰。它要求即使有多个事务并发执行，看上去每个成功事务就像按串行调度执行一样。

④ 持久性：在事务完成提交之后就对系统产生持久的影响，即事务的操作将写入数据库中，无论发生何种机器和系统故障都不应该对其有任何影响。例如，自动柜员机（ATM）在向客户支付一笔钱时就不用担心丢失客户的取款记录。事务的持久性保证事务对数据库的影响是持久的，即使系统崩溃。

事务的这种机制保证了一个事务或者成功提交，或者失败回滚，二者必居其一，因此事务对数据的修改具有可恢复性，即当事务失败时它对数据的修改都会恢复到该事务执行前的状态。而使用一般的批处理，则有可能出现有的语句被执行，而另一些语句没有被执行的情况，从而有可能造成数据不一致。

2. 事务的类型

1）根据系统的设置分类

根据系统的设置，SQL Server 将事务分为两种类型，即系统事务和用户定义事务。

（1）系统事务

系统事务是指在执行某些语句时一条语句就是一个事务。但是要明确，一条语句的对象既可能是表中的一行数据，也可能是表中的多行数据，甚至是表中的全部数据。因此，只有一条语句构成的事务也可能包含了多行数据的处理。

（2）用户定义事务

在实际应用中，大多数事务处理采用了用户定义的事务来处理。在开发应用程序时可以使用 BEGIN TRANSACTION 语句来定义明确的用户定义的事务。在使用用户定义的事务时一定要注意事务必须有明确的结束语句来结束。如果不使用明确的结束语句来结束，那么系统可能把从事务开始到用户关闭连接之间的全部操作都作为一个事务来对待。事务的明确结束可以使用两个语句中的一个，即 COMMIT TRANSACTION 语句和 ROLLBACK TRANSACTION 语句。COMMIT 是提交语句，将全部完成的语句明确地提交到数据库中。ROLLBACK 是回滚语句，该语句将事务的操作全部回滚，即表示事务操作失败。

2）根据运行模式分类

根据运行模式的不同，SQL Server 将事务分为 4 种类型，即自动提交事务、显式事务、隐式事务和批处理级事务。

（1）自动提交事务

自动提交事务是指每条单独的 T-SQL 语句都是一个事务。如果没有通过任何语句设置事务，一条 T-SQL 语句就是一个事务，语句执行完事务就结束。以前使用的每一条 T-SQL 语句都可以称为一个自动提交事务。

（2）显式事务

显式事务指每个事务均以 BEGIN TRANSACTION 语句、COMMIT TRANSACTION 或 ROLLBACK TRANSACTION 语句明确地定义了什么时候开始、什么时候结束的事务。

（3）隐式事务

隐式事务指在前一个事务完成时新事务隐式开始，但每个事务仍以 COMMIT TRANSACTION 或 ROLLBACK TRANSACTION 语句显式结束。

（4）批处理级事务

批处理级事务是 SQL Server 2005 以后版本的新增功能，该事务只能应用于多个活动结果集（MARS），在 MARS 会话中启动的 T-SQL 显式或隐式事务变为批处理级事务。当批处理完成时，没有提交或回滚的批处理级事务自动由 SQL Server 语句集合分组后形成单个的逻辑工作单元。

3. 事务处理语句

所有的 T-SQL 语句本身都是内在的事务。另外，SQL Server 中有专门的事务处理语句，这些语句将 SQL 语句集合分组后形成单个的逻辑工作单元。事务处理的 T-SQL 语句如下。

1）定义一个事务的开始：BEGIN TRANSACTTCN

BEGIN TRANSACTION 代表一个事务的开始点，每个事务继续执行直到用

COMMIT TRANSACTION 提交,从而正确地完成对数据库的永久改动;或者遇上错误用 ROLLBACK TRANSACTION 语句撤销所有改动,即回滚整个事务,也可以回滚到事务内的某个保存点,它也标志一个事务的结束。

2) 提交一个事务:COMMIT TRANSACTION

COMMIT TRANSACTION 语句为提交一个事务,标志一个成功的隐式事务或显式事务的结束。

3) 回滚事务:ROLLBACK TRANSACTION

ROLLBACK TRANSACTION 语句将显式事务或隐式事务回滚到事务的起点或事务内的某个保存点,它也标志一个事务的结束。

对于 ROLLBACK TRANSACTION 语句需要注意以下几点:

① 如果不指定回滚的事务名称或保存点,则 ROLLBACK TRANSACTION 命令会将事务回滚到事务的起点。

② 在嵌套事务时,该语句将所有内层事务回滚到最远的 BEGIN TRANSACTION 语句,transaction_name 也只能是来自最远的 BEGIN TRANSACTION 语句的名称。

③ 在执行 COMMIT TRANSACTION 语句后不能回滚事务。

④ 如果在触发器中发出 ROLLBACK TRANSACITON 命令,将回滚对当前事务中所做的所有数据修改,包括触发器所做的修改。

事务在执行过程中若出现任何错误,SQL Server 都将自动回滚事务。

4) 在事务内设置保存点:SAVE TRANSACTION

SAVE TRANSACTION 语句用于在事务内设置保存点。

在事务内的某个位置建立一个保存点,用户可以将事务回滚到该保存点的状态,而不回滚整个事务。

用户在使用事务时应注意以下几点:

① 不是所有的 T-SQL 语句都能放在事务里,通常 INSERT、UPDATE、DELETE、SELECT 等可以放在事务里,创建、删除、恢复数据库等不能放在事务里。

② 事务要尽量小,而且一个事务占用的资源越少越好。

③ 如果在事务中间发生了错误,并不是所有情况都会回滚,只有达到一定的错误级别才会回滚,可以在事务中使用@@Error 变量查看是否发生了错误。

4. 事务的并发控制

并发控制指的是当多个用户同时更新行时用于保护数据库完整性的各种技术,目的是保证一个用户的工作不会对另一个用户的工作产生不合理的影响。在某些情况下,这些措施保证了当用户和其他用户一起操作时所得的结果和用户单独操作时的结果是一样的。锁是实现并发控制的主要方法,是多个用户能够同时操纵同一个数据库中的数据而不发生数据不一致现象的重要保障。

并发性用来解决多个用户对同一数据进行操作时的问题。特别是对于网络数据库来说,这个特点更加突出。提高数据库的处理速度单单依靠提高计算机的物理速度是不够的,还必须充分考虑数据库的并发性问题,提高数据库并发操作的效率。

当多个用户同时读取或修改相同的数据库资源的时候,通过并发控制机制可以控制用户的读取和修改。锁就是实现并发控制的主要方法,如果没有锁定且多个用户同时访问一个数据库,则当用户的事务同时使用相同的数据时可能会发生问题,这些问题包括以下几种情况。

① 丢失修改:指在一个事务读取一个数据时另外一个事务也访问该同一数据。那么,在第一个事务中修改了这个数据后,第二个事务也修改了这个数据。这样第一个事务内的修改结果就被丢失,因此称为丢失修改。

例如:事务 T1 读取某表中的数据 A＝20,事务 T2 也读取 A＝20,事务 T1 修改 A＝A－1,事务 T2 也修改 A＝A－1;最终结果 A＝19,事务 T1 的修改被丢失。

② 脏读:指当一个事务正在访问数据,并且对数据进行了修改,而这种修改还没有提交到数据库中,这时另外一个事务也访问这个数据,然后使用了这个数据。因为这个数据是还没有提交的数据,那么另外一个事务读到的这个数据是"脏数据",依据"脏数据"所做的操作可能是不正确的。

例如:事务 T1 读取某表中的数据 A＝20,并修改 A＝A－1,写回数据库,事务 T2 读取 A＝19,事务 T1 回滚了前面的操作,事务 T2 也修改 A＝A－1;最终结果 A＝18,事务 T2 读取的就是"脏数据"。

③ 不可重复读:指在一个事务内多次读同一数据。在这个事务还没有结束时另外一个事务也访问该同一数据。那么,在第一个事务中的两次读数据之间由于第二个事务的修改,第一个事务两次读到的数据可能是不一样的。这样就发生了在一个事务内两次读到的数据是不一样的,因此称为是不可重复读。

例如:事务 T1 读取某表中的数据 A＝20、B＝30,求 C＝A＋B,C＝50,事务 T1 继续往下执行;事务 T2 读取 A＝20,修改 A＝A＊2,A＝40;事务 T1 再读取数据 A＝40、B＝30,求 C＝A＋B,C＝70;所以,在事务 T1 内两次读到的数据是不一样的,即不可重复读。

④ 幻读:与不可重复读相似,是指当事务不是独立执行时发生的一种现象。例如,第一个事务对一个表中的数据进行了修改,这种修改涉及表中的全部数据行。同时,第二个事务也修改这个表中的数据,这种修改是向表中插入一行新数据。那么,以后就会发生操作第一个事务的用户发现表中还有没有修改的数据行,就好像发生了幻觉一样。当对某条记录执行插入或删除操作而该记录属于某个事务正在读取的行的范围时会发生幻读问题。

5. 锁的基本概念

锁是防止其他事务访问指定的资源、实现并发控制的一种手段,是多个用户能够同时操作同一个数据库中的数据而不发生数据不一致现象的重要保障。

为了提高系统的性能、加快事务的处理速度、缩短事务的等待时间,应该使锁定的资源最小化。为了控制锁定的资源,应该首先了解系统的空间管理。在 SQL Server 中,最小空间管理单位是页,一个页有 8KB。所有的数据、日志、索引都存放在页上。

另外使用页有一个限制,就是表中的一行数据必须在同一个页上,不能跨页。页上面的空间管理单位是簇,一个簇是 8 个连续的页。表和索引的最小占用单位是簇。数据库由一个或多个表或者索引组成,即由多个簇组成。

数据库中的锁是指一种软件机制,用来指示某个用户(即进程会话,下同)已经占用了某种资源,从而防止其他用户做出影响本用户的数据修改或导致数据库数据的非完整性和非一致性。这里的资源,主要指用户可以操作的数据行、索引以及数据表等。根据资源的不同,锁有多粒度(multigranular)的概念,也就是指可以锁定的资源的层次。在 SQL Server 中能够锁定的资源粒度有数据库、表、区域、页面、键值(指带有索引的行数据)、行标识符(RID,即表中的单行数据)。

6. 死锁的产生及解决办法

封锁机制的引入能解决并发用户的数据不一致性问题,但也会引起事务间的死锁问题。在事务和锁的使用过程中,死锁是一个不可避免的现象。在数据库系统中,死锁是指多个用户分别锁定了一个资源,并且试图请求锁定对方已经锁定的资源,这就产生了一个锁定请求环,导致多个用户都处于等待对方释放所锁定资源的状态。通常使用不同的锁类型锁定资源,然而当某组资源的两个或多个事务之间有循环相关性时就会发生死锁现象。

产生死锁的情况一般有以下两种:

第一种情况,当两个事务分别锁定了两个单独的对象时每一个事务都要求在另外一个事务锁定的对象上获得一个锁,因此每一个事务都必须等待另外一个事务释放占有的锁,这时就发生了死锁。这种死锁是最典型的死锁形式。

第二种情况,在一个数据库中有若干个长时间运行的事务执行并行操作,当查询分析器处理一种非常复杂的查询(例如连接查询)时,由于不能控制处理的顺序,有可能发生死锁现象。

在数据库中解决死锁常用的方法如下:

① 要求每个事务一次将要使用的数据全部加锁,否则不能继续执行。或者预先规定一个顺序,所有事务都按这个顺序加锁,这样就不会发生死锁。

② 允许死锁发生,系统用某些方式诊断当前系统中是否有死锁发生。在 SQL Server 中,系统能够自动定期搜索和处理死锁问题。系统在每次搜索中标识所有等待锁定请求的事务,如果在下一次搜索中该被标识的事务仍处于等待状态,SQL Server 就开始递归死锁搜索。当搜索检测到锁定请求环时,系统将根据事务的死锁优先级别来结束一个优先级最低的事务,此后系统回滚该事务,并向该进程发出 1205 号错误信息,这样其他事务就有可能继续运行了。

事实上,SQL Server 建议让系统自动管理数据库中的锁,而且一些关于锁的设置选项也没有提供给用户和数据库管理人员,对于特殊用户,通过给数据库中的资源显式加锁可以满足很高的数据一致性和可靠性要求,只是需要特别注意避免死锁现象的出现。

任务 1 使用管理平台设置 SQL Server 中的身份验证模式

■ 任务分析

访问数据库必须要建立到 SQL Server 的连接,建立连接可在两种身份验证模式(Windows 身份验证模式和 SQL Server 身份验证)中选择一个,建立对 SQL Server 服务器的连接。

◆ 任务实施

在管理平台中设置身份验证模式的基本步骤如下:

【步骤 1】启动 SSMS,在对象资源管理器中的目标服务器上右击,在弹出的快捷菜单中选择"属性"命令。

【步骤2】在"服务器属性"对话框中选择"选择页"中的"安全性"选项,进入安全性设置页面,如图10-2所示。

图 10-2　身份验证模式的设置

【步骤3】在"服务器身份验证"选项组中选中验证模式前的单选按钮,从而选中需要的验证模式,还可以在"登录审核"选项组中设置需要的审核方式。

审核方式取决于安全性要求,这4种审核级别的含义如下。

① 无:不使用登录审核。

② 仅限失败的登录:记录所有的失败登录。

③ 仅限成功的登录:记录所有的成功登录。

④ 失败和成功的登录:记录所有的登录。

【步骤4】单击"确定"按钮,完成登录验证模式的设置。

任务2　使用管理平台创建服务器登录账号

■ 任务分析

Windows 身份验证和 SQL Server 身份验证允许用户登录到 SQL Server 系统中,可以使用管理平台创建对应模式的登录名,通过登录名进行服务器的连接。

◆ **任务实施**

子任务1 在 Windows 身份验证模式下创建登录账号 stu

在 Windows 身份验证模式下创建登录账号 stu，在管理平台中创建数据库的登录账号的基本步骤如下：

【步骤1】在桌面上右击"计算机"→"管理"，在"计算机管理"窗口中展开"本地用户和组"选项，右击"用户"，然后在右侧窗口的空白处右击，在弹出的快捷菜单中选择"新用户"命令。

【步骤2】进入"新用户"对话框，在"用户名"文本框中输入"stu"，如图10-3所示，然后依次单击"创建"按钮、"关闭"按钮。

图 10-3 创建新用户

【步骤3】返回到"计算机管理"窗口中，可见已经成功创建了用户 stu，如图10-4所示，关闭"计算机管理"窗口。

图 10-4 "计算机管理"窗口中的用户

【步骤 4】启动 SSMS,在对象资源管理器中展开数据库服务器→"安全性"→"登录名",然后右击"登录名",在弹出的快捷菜单中选择"新建登录名"命令,在"登录名-新建"对话框的"常规"选择页中单击"搜索"按钮,打开"选择用户或组"对话框,在此对话框下方的文本框中输入"stu",如图 10-5 所示,单击"确定"按钮。

图 10-5 选择用户或组

【步骤 5】在"登录名-新建"对话框中设置身份验证模式为 Windows 身份验证,默认访问的数据库为 master 数据库,如图 10-6 所示,单击"确定"按钮关闭对话框。登录名创建成功后可以在服务器中的登录名分组中查看,如图 10-7 所示。

子任务 2 在 SQL Server 身份验证模式下创建登录账号 teac

在 SQL Server 身份验证模式下创建登录账号 teac,在管理平台中创建数据库的登录账号的基本步骤如下:

【步骤 1】启动 SSMS,在对象资源管理器中展开数据库服务器→"安全性"→"登录名",然后右击"登录名",在弹出的快捷菜单中选择"新建登录名"命令。

【步骤 2】在"登录名-新建"对话框中选择"常规"选项,在"登录名"文本框中输入"teac",输入"密码"为"123456",再输入"确认密码",选择验证模式为"SQL Server 身份验证",如图 10-8 所示,然后单击"确定"按钮。

【步骤 3】使用 SQL Server 身份验证模式连接到服务器上的操作为在数据库服务器上

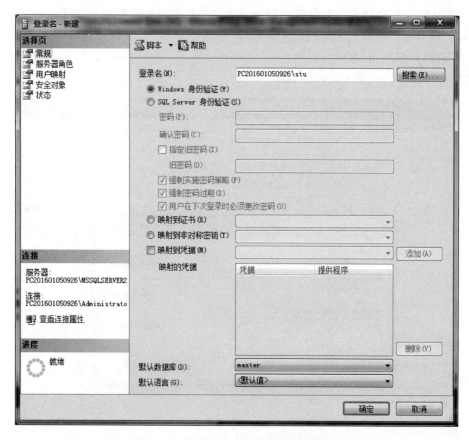

图 10-6　创建 Windows 验证模式登录名

图 10-7　查看登录名

右击，在弹出的快捷菜单中选择"连接"命令，弹出"连接到服务器"对话框，如图 10-9 所示，选择"身份验证"为"SQL Server 身份验证"、"登录名"为 teac，输入"密码"为 123456，单击

图 10-8　创建 SQL Server 身份验证登录名

图 10-9　使用登录名 teac 连接服务器

"连接"按钮。

　　【步骤 4】在创建登录名 teac 时设置了"用户在下次登录时必须更改密码",因此首次使用 teac 连接服务器时会弹出图 10-10 所示的对话框。在该对话框中输入新密码 654321,单

学生管理系统数据安全性与安全管理

击"确认"按钮,关闭对话框,显示图 10-11 所示的对象资源管理器。

图 10-10　首次登录,修改密码

图 10-11　使用 teac 连接服务器

小组活动:

① 在 Windows 身份验证模式下创建登录账号 ss。

② 在 SQL Server 身份验证模式下创建登录账号 tt,密码自定义。

任务 3　使用管理平台进行角色管理

■ 任务分析

Windows 用户名和 SQL Server 登录名允许用户登录到 SQL Server 系统中。如果用户想继续对服务器或数据库系统中的某个对象进行操作,则必须具有操作指定对象的操作权限,所以对于每一个登录账号必须设置其操作权限。

◆ **任务实施**

子任务1 为登录账号teac授予固定服务器角色权限

在 SQL Server 身份验证模式下使用登录账号 teac 连接到服务器上，展开服务器→"数据库"→studentmanager，弹出图 10-12 所示的对话框，提示无法访问数据库。

图 10-12　teac 账号无法访问数据库 studentmanager

同样，使用登录账号 teac 连接到服务器上，新建数据库，如图 10-13 所示，创建数据库失败，如图 10-14 所示。展开服务器→"安全性"→"登录名"，看不到所有的登录名，如图 10-15所示。

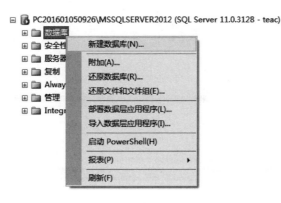

图 10-13　使用 teac 账号创建数据库

因此需要为 teac 登录名设置操作数据库的权限，步骤如下：

【步骤1】展开以管理员身份连接的服务器→"安全性"→"登录名"，右击登录名 teac，在"登录属性"对话框中选择"服务器角色"选项，在右侧可以看到 teac 登录账号只有 public 服务器角色权限。

【步骤2】选中 sysadmin 服务器角色，单击"确定"按钮，如图 10-16 所示。展开登录名，可以查看所有登录名。此时 teac 登录账号具有了对服务器的所有操作权限，例如创建数据库、在数据库中创建表等操作。

子任务2 为登录账号stu授予固定数据库角色权限

为登录账号赋予固定服务器角色权限，使得登录账号具有了相应的操作权利，但权限设置不当，因为权限太大，可能发生数据泄露、数据被破坏等情况，所以在某些情况下需要根据用户的操作需求只对某个数据库进行操作，只授予登录账号对某个数据库的操作权限。

图 10-14 teac 账号无法创建数据库

图 10-15 登录名显示受限

【步骤 1】创建 SQL Server 验证模式下的登录账号 stu,密码为 123,首次连接服务器时修改密码为 321。stu 登录账号只具有 public 服务器角色权限。

【步骤 2】展开以管理员身份连接的服务器→"数据库"→studentmanager→"安全性",然后右击"用户",在弹出的快捷菜单中选择"新建用户"命令。

【步骤 3】在"数据库用户-新建"对话框的"常规"选择页中设置用户名、登录名、默认架构,如图 10-17 所示;在"成员身份"选择页中选择 db_owner 数据库角色权限,如图 10-18所示。

【步骤 4】刷新服务器,再以 stu 登录账号连接的服务器中 stu 具有了对数据库 studentmanager 的所有操作权限,可以在数据库 studentmanager 上进行所有操作,可以新建表、删除表、查询数据等,例如新建一个查询窗口,编写 SQL 语句后执行,如图 10-19 所

图 10-16　授予服务器角色

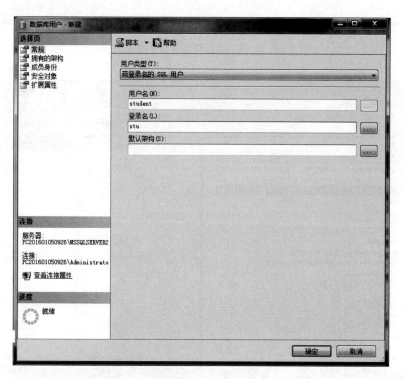

图 10-17　创建数据库 studentmanager 用户

学生管理系统数据安全性与安全管理

图 10-18 设置数据库角色权色

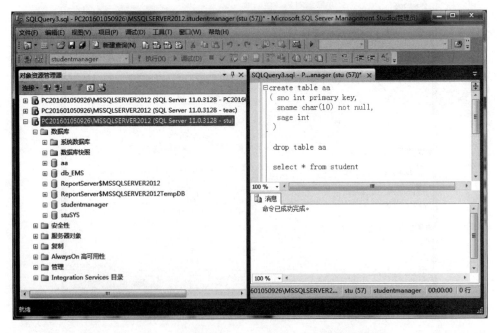

图 10-19 对数据库 studentmanager 有所有操作权限

示。但无法对数据库 studentmanager 以外的其他对象进行操作,例如不能在服务器上进行创建数据库、创建登录名等操作,提高了数据安全性。

小组活动:

① 授予登录账号 ss 固定服务器角色权限 securityadmin。

② 授予登录账号 tt 固定数据库角色权限 db_ddladmin。

任务 4　使用管理平台进行数据库的权限管理

■ 任务分析

用户可以为登录账号授予固定服务器角色权限和固定数据库角色权限,使得登录账号具有对服务器和某个数据库的操作权限。若只对数据库对象进行操作,则可以对登录账号授予对数据库的对象上的权限。

◆ 任务实施

子任务 1　为用户 student 授予数据库对象操作权限

可以对登录账号授予固定服务器角色权限,也可以授予固定数据库角色权限。考虑到数据安全性,针对某些登录账号,可以将权限的授予范围再缩小一些,只能对某个表进行操作。

【步骤 1】取消数据库 studentmanager 上用户 student 的固定数据库角色权限 db_owner,如图 10-17 所示。

【步骤 2】展开以管理员身份连接的服务器→"数据库"→studentmanager→"表",右击 student,在弹出的快捷菜单中选择"属性"命令。

【步骤 3】在"表属性"对话框中选择"权限"选项,单击"搜索"按钮,选择数据库用户 student,然后关闭"选择用户和角色"对话框。

【步骤 4】在"表属性"对话框的"权限"选择页中设置用户 student 拥有对表 student 的插入、更新、选择权限,如图 10-20 所示,然后关闭"表属性"对话框,刷新服务器。

【步骤 5】展开以 stu 登录账号连接的服务器,选择数据库 studentmanager,新建一个查询窗口,编写 SQL 语句如图 10-21 所示,但 SQL 语句"SELECT ＊ FROM student"执行成功,SQL 语句"SELECT ＊ FROM class"未能被执行,如图 10-22 所示。同样,student 用户具有 student 表上的更新和插入操作权限,不具有对其他表的操作权限。

可以为登录账号授予对数据库中表的指定操作权限,同样也可以授予视图上的操作权限给登录账号。

子任务 2　为用户 student 授予数据库表上列的操作权限

权限的授予范围可以继续缩小到表中的某些列上,更加明确了数据库用户的操作权限,进一步防止数据的泄露和破坏。

【步骤 1】展开以管理员身份连接的服务器→"数据库"→studentmanager→"表",右击 "s_c",在弹出的快捷菜单中选择"属性"命令。

251

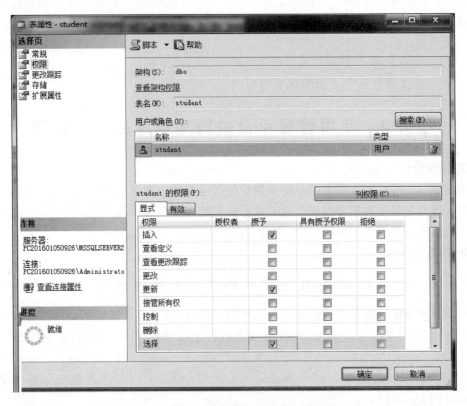

图 10-20　设置数据库对象权限

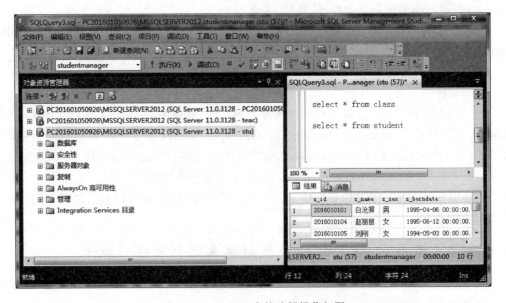

图 10-21　student 表的选择操作权限

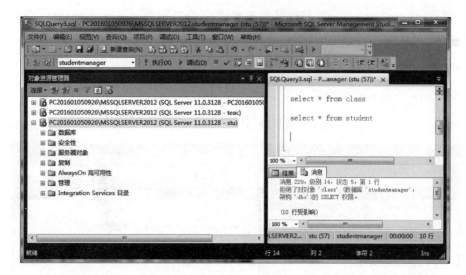

图 10-22　class 表上无选择操作权限

【步骤 2】在"表属性"对话框中选择"权限"选项,单击"搜索"按钮,选择数据库用户 student,然后关闭"选择用户和角色"对话框。

【步骤 3】在"表属性"对话框的"权限"选择页中设置用户 student 拥有对表 s_c 的选择、更新权限,此时数据库用户 student 具有对表 s_c 上所有列的选择、更新权限。

【步骤 4】在"权限"选择页中单击"更新"行,再单击"列权限"按钮,打开"列权限"对话框。

【步骤 5】在"列权限"对话框中授予用户 student 对列 course_id 和列 s_id 的更新权限,不具有对列 result 的更新权限,如图 10-23 所示,然后关闭"列权限"对话框,关闭"表属性"对话框,刷新服务器。

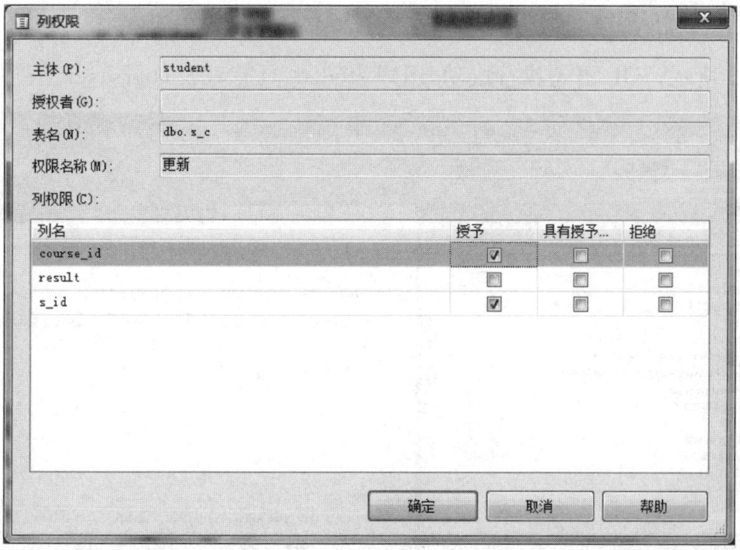

图 10-23　表 s_c 上列的更新权限

学生管理系统数据安全性与安全管理

【步骤 6】展开以 stu 登录账号连接的服务器,选择数据库 studentmanager,新建一个查询窗口,编写 SQL 语句并执行:

```
UPDATE s_c
SET result = 88
WHERE s_id = '2016010101' AND course_id = '0003'
```

如图 10-24 所示,SQL 语句未能被执行,用户 student 不具有对表 result 上列的更新权限。

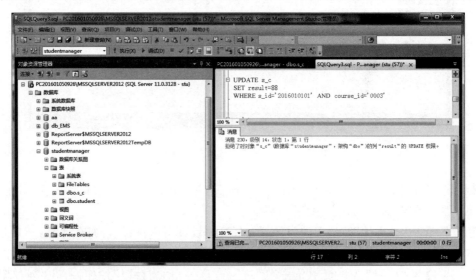

图 10-24　不具有对列 result 的更新权限

【步骤 7】在查询窗口中编写 SQL 语句并执行:

```
UPDATE s_c
SET course_id = '0004'
WHERE s_id = '2016010101' AND course_id = '0003'
```

如图 10-25 所示,SQL 语句执行成功,用户 student 具有对表 course_id 上列的更新权限。

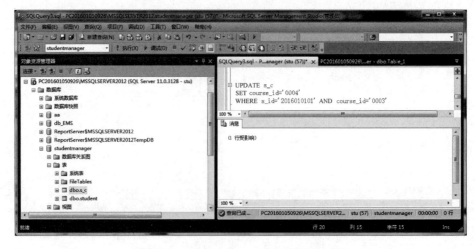

图 10-25　具有对列 course_id 的更新权限

权限的撤销：在管理平台上进行权限授予操作的步骤上取消相关的权限设置即可实现权限的撤销，此处不再介绍。

小组活动：

① 创建登录账号 tt 在数据库 studentmanager 上的用户 teacher。

② 授予用户 teacher 对数据库 studentmanager 中表 teacher 的选择、插入权限。

③ 授予用户 teacher 对数据库 studentmanager 中表 t_c 的选择、对 term 列的更新权限。

任务5　使用 SQL 语句进行数据库的权限管理

■ 任务分析

用户可以使用管理平台实现数据库权限的授予，也可以使用 SQL 语句实现数据库权限的授予。

◆ 任务实施

子任务1　为数据库用户 student 授予对数据库表的操作权限

授予数据库用户 student 对数据库 studentmanager 中表 course 的选择权限，同时可以将授予的权限转授给其他用户。

【步骤1】展开以管理员身份连接的服务器，选择数据库 studentmanager，新建一个查询窗口，编写 SQL 语句并执行：

```
GRANT SELECT ON course
TO student
WITH GRANT OPTION      -- 用户可以将被授予的权限转授给其他用户
```

如图 10-26 所示，SQL 语句成功执行。

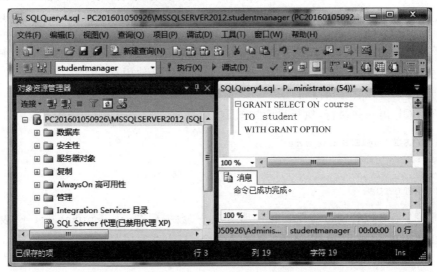

图 10-26　使用 SQL 语句授予表上的权限

项目
10

学生管理系统数据安全性与安全管理

【步骤2】展开以管理员身份连接的服务器→"数据库"→studentmanager→"表",右击 course,在弹出的快捷菜单中选择"属性"命令打开"表属性"对话框,如图 10-27 所示,可见 SQL 语句执行的结果已经生效。

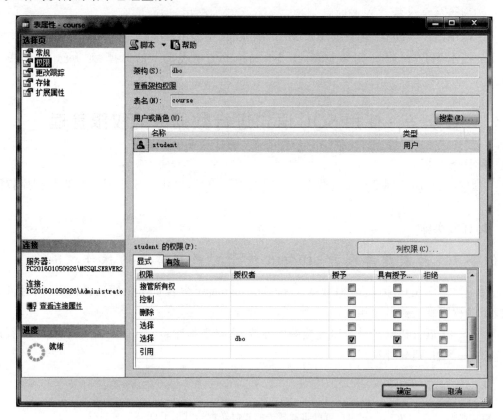

图 10-27　查看 SQL 语句设置的权限结果

子任务 2　为数据库用户 student 授予对数据库表上列的操作权限

授予数据库用户 student 对数据库 studentmanager 中表 course 的删除权限、对列 course_type 的更新权限,同时可以将授予的权限转授给其他用户。

【步骤1】展开以管理员身份连接的服务器,选择数据库 studentmanager,新建一个查询 窗口,编写 SQL 语句并执行,执行界面如图 10-28 所示。

```
GRANT DELETE, UPDATE(course_type)
ON course
TO student
WITH GRANT OPTION
```

【步骤2】展开以管理员身份连接的服务器→"数据库"→studentmanager→"表",右击 course,在弹出的快捷菜单中选择"属性"命令,打开"表属性"对话框,如图 10-29 和 图 10-30 所示,可见,SQL 语句执行的结果已经生效。

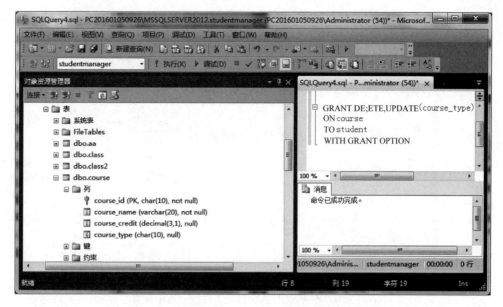

图 10-28 使用 SQL 语句授予表上列的权限

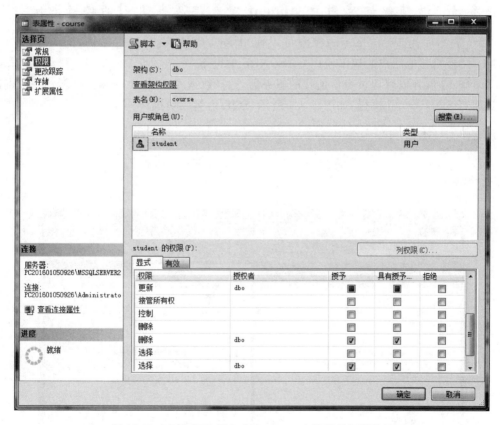

图 10-29 查看 SQL 语句在表 course 上设置的权限结果

学生管理系统数据安全性与安全管理

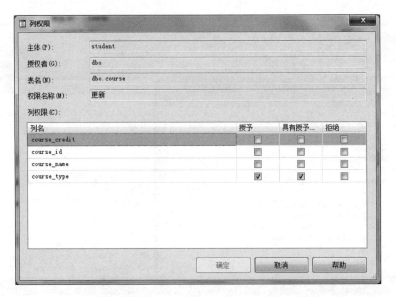

图 10-30 查看 SQL 语句在列上设置的权限结果

子任务 3 撤销数据库用户 student 对数据库表上列的操作权限

授予数据库用户 student 的权限可以使用 REVOKE 语句进行撤销,同时撤销用户 student 转授给其他用户的权限使用 CASCADE 关键字。

【步骤 1】展开以管理员身份连接的服务器,选择数据库 studentmanager,新建一个查询窗口,编写 SQL 语句并执行,如图 10-31 所示,SQL 语句成功执行。

```
REVOKE DELETE, UPDATE(course_type)
ON course
FROM student
CASCADE
```

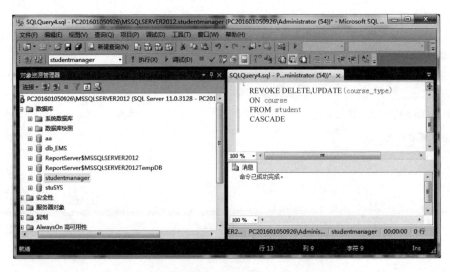

图 10-31 使用 SQL 语句撤销表上列的权限

【步骤 2】展开以管理员身份连接的服务器→"数据库"→studentmanager→"表",右击 course,在弹出的快捷菜单中选择"属性"命令,打开"表属性"对话框,如图 10-32 所示,可见 SQL 语句执行的结果已经生效。

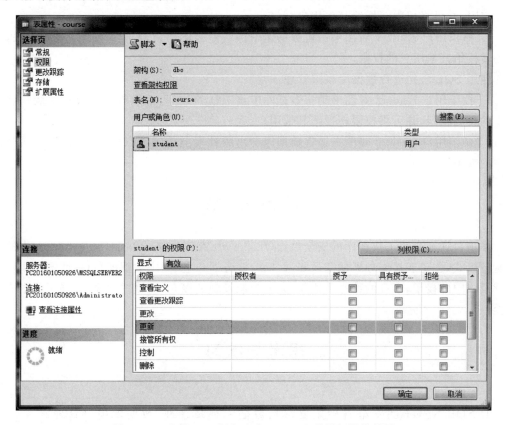

图 10-32　查看 SQL 语句在表 course 上撤销权限的结果

小组活动:

① 授予登录账号 tt 对数据库 studentmanager 中表 class 的选择、插入和更新权限。

② 授予登录账号 tt 对数据库 studentmanager 中表 department 的选择权限、对 dep_ name 列的更新权限。

③ 撤销登录账号 tt 对数据库 studentmanager 中表 class 的插入、更新权限。

拓展实训　图书销售管理系统权限的操作

一、实训目的

1. 掌握使用管理平台进行数据库权限管理的方法。

2. 掌握使用 SQL 语句进行数据库权限管理的方法。

二、实训内容

使用管理平台进行数据库权限管理:

1. 分别创建 SQL Server 验证模式下的登录账号 user1、user2。

学生管理系统数据安全性与安全管理

2. 分别以登录账号 user1、user2 连接服务器。

3. 分别设置登录账户 user1、user2 在图书销售数据库上的用户 reader1、reader2。

4. 授予用户 reader1 对图书销售数据库中供应商表的选择权限、对供应商编号列上的更新权限，并可将权限转授给其他用户。

5. 撤销用户 reader1 对图书销售数据库中供应商表的供应商编号列上的更新权限，并撤销转授给其他用户的权限。

使用 SQL 语句进行数据库权限管理：

1. 授予用户 reader2 对图书销售数据库中出版社的选择、插入权限以及对出版社名称列上的更新权限，并可将权限转授给其他用户。

2. 撤销用户 reader2 对图书销售数据库中出版社表上的插入权限，并撤销转授给其他用户的权限。

项 目 小 结

本项目详细介绍了数据库的安全性，SQL Server 2012 的安全机制，SQL Server 中的身份验证模式，创建连接服务器的登录账号，固定服务器角色、固定数据库角色，数据库用户的创建及权限的授予，事务的特性及语句，并发控制及锁的概念，死锁的解决，增强了数据库的安全性。

思考与练习

一、填空题

1. SQL Server 的安全管理主要包括数据库登录管理、数据库用户管理、_____和_____。

2. SQL Server 身份认证模式有_____模式和_____模式。

3. SQL Server 安全体系结构中的角色分为_____、_____和用户自定义角色。

4. 权限授予使用关键字_____，撤销权限使用关键字_____，禁止权限授予关键字使用_____。

5. 将权限转授给其他用户使用子句_____，收回转授给其他用户的权限使用关键字_____。

6. 事务的特性有_____、_____、_____、_____。

7. 提交事务使用语句_____，回滚事务使用语句_____。

8. 数据库中的并发控制使得数据可能发生的情况有_____、_____、_____和幻读。

二、上机操作题

使用管理平台或 SQL 语句实现以下操作：

1. 在 SQL Server 身份验证模式下创建登录账号 emp，密码自定义。

2. 授予登录账号 emp 固定数据库角色权限 sysadmin。

3. 创建登录账号 emp 在数据库 salarymanager 上的用户 employ。

4. 授予用户 employ 对数据库 studentmanager 中表 department 的选择、更新权限,并将权限转授给其他用户。

5. 授予用户 employ 对数据库 studentmanager 中表 employee 的选择权限,对员工编号、员工姓名、手机号码列的更新权限。

6. 撤销用户 employ 对数据库 studentmanager 中表 department 的更新权限,并撤销转授给其他用户的权限。

附录 A　　　　　　　　　　T-SQL 基础

　　SQL 是 Structure Query Language(结构化查询语言)的缩写,是关系数据库的应用语言。Transact-SQL(T-SQL)是 ANSI 标准 SQL 数据库查询语言的一个强大的实现,是 Microsoft 公司在关系型数据库管理系统中对 SQL 的扩展,具有 SQL 的主要特点,同时增加了变量、运算符、函数、流程控制和注释等语言元素。

　　T-SQL 对 SQL Server 十分重要,需要使用 SQL Server 编写一些程序,完成更强大的功能。在 SQL Server 中使用图形界面能够完成的所有功能都可以利用 T-SQL 来实现。

知识点 1　SQL 标识符、常量、变量、运算符、表达式、注释、批处理

1. 标识符

　　在 SQL Sever 中标识符通常用于表示服务器名、数据库名、表名、常量、变量和其他数据库对象名,是用户定义的 SQL Server 可识别的有特定意义的字符序列,遵循以下规则:

① 标识符长度:1～128 个字符。

② 可使用字符:字母、数字、♯、\$、@和下画线"_"。

③ 第一个字符:字母、下画线"_"、@和♯。

④ 不能包含空格,也不能使用 SQL 关键字。

⑤ 可以使用汉字作为标识符。

举例:student、student_info、course_info 等。

2. 常量

　　常量也称为字面值或标量值,是表示一个特定数据值的符号,其值在程序运行过程中不变。常量包括整型常量、实型常量、字符串常量、日期型常量、货币型常量、二进制常量、十进制整型常量、十六进制整型常量等。常量的格式取决于它所表示的值的数据类型,见表 A-1。

表 A-1　SQL 常量类型表

类　　型	说　　明	举　　例
整型常量	没有小数点和指数 E	60、25、-365
实型常量	定点和浮点两种表达形式	15. 63、-200.25、123E-3、-12E5
字符串常量	存在于单引号或双引号中的字符	'学生 '、'student'
日期型常量	用单引号引起来	'6/5/03'、'May 12 2008'
货币型常量	精确数值型数据,前缀为 \$	\$ 380.2
二进制常量	只用 0 或 1 构成的串	10、10110
十进制整型常量	使用不带小数点的十进制数据表示	45、123
十六进制整型常量	使用前缀 0x 后跟十六进制字符表示	0xF12、0x1A2、0x567

3. 变量

变量指在程序运行过程中值可以发生变化的量,常用于保存程序运行过程中的计算结果或输入/输出结果。SQL Server 变量分为以下类型。

- 全局变量:由系统定义和维护。
- 局部变量:由用户定义,用来保存中间结果。

规则:

- 遵循"先定义后使用"的原则。
- 使用"合法"标识符定义变量。
- 变量的取名最好能"见名知义"。

1) 全局变量

全局变量是由 SQL Server 系统在服务器级定义、供系统内部使用的变量,通常存储一些 SQL Server 的配置设定值和统计数据。

全局变量可被任何用户程序随时引用,以测试系统的设定值或者是 T-SQL 语句执行后的状态值。在引用全局变量时必须以"@@"开头,见表 A-2。

表 A-2　SQL 常用的全局变量

名　　称	说　　明
@@connections	返回当前到本服务器的连接的数目
@@rowcount	返回上一条 T-SQL 语句影响的数据行数
@@error	返回上一条 T-SQL 语句执行后的错误号
@@procid	返回当前存储过程的 ID 号
@@remserver	返回登录记录中远程服务器的名字
@@spid	返回当前服务器进程的 ID 标识
@@version	返回当前 SQL Server 服务器的版本和处理器类型
@@language	返回当前 SQL Server 服务器的语言

2) 局部变量

局部变量可由用户定义,其作用域从声明变量的地方开始到声明变量的批处理或存储过程的结尾。

局部变量必须先定义后使用。在定义和引用时要在其名称前加上标志"@"。

定义形式:DECLARE @变量名 数据类型[,…n]

其赋值形式如下:

SET @变量名 = 变量值
SELECT @变量名 = 变量值[,…n] [FROM 表名] [WHERE 条件表达式]

在 T-SQL 中必须使用 SELECT 或 SET 语句设定变量的值。

一个 SET 语句只能给一个变量赋值。

SELECT 可以同时给几个变量赋值,省略 FROM 等同于 SET。若不省略,则将查询到的记录数据赋给局部变量,若返回多行记录,则最后一行记录数据赋给局部变量。

局部变量的名称不能与全局变量的名称相同,否则会在使用中出错。

4. 运算符及其优先级

在 T-SQL 编程语言中常用的运算符有算术运算符、赋值运算符、字符串连接运算符、比较运算符、逻辑运算符、位运算符、一元运算符等。

1) 算术运算符

算术运算符有＋(加)、－(减)、＊(乘)、/(除)和％(取余)5 个,参与运算的数据是数值类型的数据,其运算结果也是数值类型的数据。另外,加(＋)和减(－)运算符也可用于对日期型数据进行运算,还可对数值型字符数据与数值类型数据进行运算。

2) 赋值运算符

等号(＝)是唯一的 T-SQL 赋值运算符,只要是＝就表示赋值语句。

3) 字符串连接运算符

字符串连接运算符(＋)可以实现字符串之间的连接。参与字符串连接运算的数据只能是字符数据类型(char、varchar、nchar、nvarchar、text、ntext),其运算结果也是字符数据类型。

4) 比较运算符

比较运算符可以用于所有的表达式,即用于数值大小的比较、字符串在字典排列顺序中的前后的比较、日期数据前后的比较。比较运算结果有 3 种值,即正确(TRUE)、错误(FALSE)、未知(UNKNOWN)。比较表达式一般用于 IF 语句和 WHILE 语句的条件、WHERE 子句和 HAVING 子句的条件。

常用的比较运算符有>(大于)、>=(大于等于)、=(等于)、<>(不等于)、<(小于)、<=(小于等于),SQL Server 还支持非 SQL-92 标准的!＝(不等于)、!<(不小于)和!>(不大于)。比较运算符用于测试两个相同类型表达式的顺序、大小、相同与否。

5) 逻辑运算符

逻辑运算符用于对某个条件进行测试,以获得其真实情况。逻辑运算符和比较运算符一样,返回带有 TRUE 或 FALSE 值的布尔数据类型。逻辑表达式用于 IF 语句和 WHILE 语句的条件、WHERE 子句和 HAVING 子句的条件,见表 A-3。

表 A-3 逻辑运算符

运算符	含　义
AND	如果两个逻辑表达式都为 TRUE,则运算结果是 TRUE
OR	如果两个逻辑表达式中的一个为 TRUE,则运算结果是 TRUE
NOT	对任何其他布尔运算符的值取反
IN	如果操作数等于表达式列表中的一个,则运算结果是 TRUE
LIKE	如果操作数与一种模式相匹配(像),则运算结果是 TRUE
BETWEEN	如果操作数在某个范围之间,则运算结果是 TRUE
EXISTS	如果子查询包含一些行,则运算结果是 TRUE
ALL	如果在一组比较中所有(都)为 TRUE,则运算结果是 TRUE
ANY	如果在一组比较中任何一个为 TRUE,则运算结果是 TRUE
SOME	如果在一组比较中有一些为 TRUE,则运算结果是 TRUE

6) 位运算符

位运算符包括 &(位与)、|(位或)和^(位异或)。位运算符在两个表达式之间执行位操

作,这两个表达式的结果可以是整数或二进制字符串数据类型类别中的任何数据类型(image 数据类型除外),但两个操作数不能同时是二进制字符串数据类型类别中的某种数据类型,见表 A-4。

表 A-4　位运算符所支持的操作数数据类型

左操作数	右操作数
binary	int、smallint 或 tinyint
bit	int、smallint、tinyint 或 bit
int	int、smallint、tinyint、binary 或 varbinary
smallint	int、smallint、tinyint、binary 或 varbinary
tinyint	int、smallint、tinyint、binary 或 varbinary
varbinary	int、smallint 或 tinyint

7）一元运算符

一元运算符包括+(正,数值为正)、-(负,数值为负)、~(位非,返回数字的非)。一元运算符只对一个表达式执行操作。

+(正)和-(负)运算符可以用于数值数据类型类别中的任一数据类型的任意表达式。~(位非)运算符只能用于整数数据类型类别中的任一数据类型的表达式。

8）运算符的优先级

当一个复杂的表达式有多个运算符时,运算符的优先级决定执行运算的先后次序,执行的顺序可能会严重地影响所得到的最终值。运算符的运算优先级见表 A-5。

表 A-5　运算符的优先级

优先级	运算符
1	~(位非)
2	*(乘)、/(除)、%(取模)
3	+(正)、-(负)、+(加)、+(连接)、-(减)、&(位与)
4	=、>、<、>=、<=、<>、!=、!>、!<(比较运算符)
5	^(位异或)、|(位或)
6	NOT
7	AND
8	ALL、ANY、BETWEEN、IN、LIKE、OR、SOME
9	=(赋值)

5. 表达式

表达式是标识符、值和运算符的组合,SQL Server 可以对其求值以获取结果。

在访问或更改数据时可以在多个不同的位置使用数据。例如可以将表达式用作要在查询中检索数据的一部分,也可以用作查找满足一组条件的数据时的搜索条件。

表达式可以是常量、函数、列名、变量、子查询等,还可以通过运算符将这些数据组合起来。

6. 注释

注释是程序代码中不执行的文本字符串(也称为备注)。注释可用于对代码进行说明或暂时禁用正在进行诊断的部分 T-SQL 语句和批处理。使用注释对代码进行说明,便于将来对程序代码进行维护。注释可用于描述复杂的计算或解释编程方法。

SQL Server 支持下面两种类型的注释字符:

1) --(双连字符)

这些注释字符可与要执行的代码处在同一行,也可另起一行。从双连字符开始到行尾的内容均为注释。对于多行注释,必须在每个注释行的前面使用双连字符。

2) /＊ … ＊/(正斜杠-星号字符对)

这些注释字符可与要执行的代码处在同一行,也可另起一行,甚至可以在可执行代码内部。开始注释对(/＊)与结束注释对(＊/)之间的所有内容均视为注释。对于多行注释,必须使用开始注释字符对(/＊)开始注释,并使用结束注释字符对(＊/)结束注释。

7. 批处理

GO 用于向 SQL Server 实用工具发出一批 T-SQL 语句结束的信号,语法为"GO [count]"。

其中 count 为一个正整数,表示 GO 之前的批处理将执行指定的次数。

注意:

① GO 不是 T-SQL 语句,是 SSMS 代码编辑器可识别的命令。

② GO 命令和 T-SQL 语句不能在同一行中,但在 GO 命令行中可包含注释。用户必须遵循使用批处理的规则。例如,在批处理中的第一条语句后执行任何存储过程必须包含 EXECUTE 关键字。局部(用户定义)变量的作用域限制在一个批处理中,不可在 GO 命令后引用。

知识点 2 T-SQL 中常用的系统函数

SQL Server 提供了一些内置函数,用户可以使用这些函数方便地实现一些功能。下面举例说明一些常用的函数,其他函数请参考联机手册。

1. 聚合函数

聚合函数对一组值执行计算并返回单一的值。除 COUNT 函数以外,聚合函数忽略空值。聚合函数经常与 SELECT 语句的 GROUP BY 子句一起使用。

所有聚合函数都具有确定性,就是在任何时候用一组给定的输入值调用它们时都返回相同的值。仅在下列项中聚合函数允许作为表达式使用:

SELECT 语句的选择列表(子查询或外部查询)、COMPUTE 或 COMPUTE BY 子句、HAVING 子句。

① AVG(x):用于返回一组数值中所有非空数值的平均值。

② COUNT(x):用于返回一个列内所有非空值的个数,这是一个整型值。

③ MIN(x)与 MAX(x):MIN(x)函数用于返回一个列范围内的最小非空值;MAX(x)函数用于返回最大值。

这两个函数可以用于大多数的数据类型,返回的值根据对不同数据类型的排序规则而定。

④ SUM(x):返回一个列范围内所有非空值的总和,与 AVG(x)函数一样,它用于数值数据类型。

2. 日期时间函数

日期时间函数对日期和时间输入值执行操作，并返回一个字符串、数字值或日期和时间值。

① day(日期)：返回日期中的日部分值。

② month(日期)：返回日期中的月份值。

③ year(日期)：返回日期中的年份值。

④ DATEADD(时间间隔类型,number,日期)：返回指定日期加上指定的额外日期间隔 number 产生的新日期，时间间隔类型见表 A-6。

表 A-6 时间间隔类型

datepart	缩　　写	说　　　明
year	yy、yyyy	年
quarter	qq、q	季度
month	mm、m	月
day	dd、d	日
dayofyear	dy、y	一年中的第几天
week	wk、ww	一年中的第几周
weekday	dw、w	一周中的第几天
hour	hh	时
minute	mi、n	分
second	ss、s	秒

⑤ DATEDIFF(时间间隔类型,日期 1,日期 2)：返回两个指定日期的差距值，其结果值是一个带有正负号的整数值(日期 1-日期 2)。

⑥ DATENAME (时间间隔类型,日期)：以字符串的形式返回日期的指定部分，此部分由时间间隔类型来指定。

⑦ DATEPART(时间间隔类型,日期)：以整数值的形式返回日期的指定部分。此部分由时间间隔类型来指定。

- DATEPART(dd,date)等同于 DAY(date)
- DATEPART(mm,date)等同于 MONTH(date)
- DATEPART(yy,date)等同于 YEAR(date)

⑧ GETDATE()：以 DATETIME 的默认格式返回系统当前的日期和时间。

3. 字符串函数

① ASCII(s)：返回字符表达式最左端字符的 ASCII 码值。

在 ASCII()函数中，纯数字的字符串可不用''括起来，但含其他字符的字符串必须用''括起来使用，否则会出错。

② CHAR(n)：将 ASCII 码转换为字符。

如果没有输入 0~255 的 ASCII 码值，CHAR(n)返回 NULL。

③ LOWER(s)和 UPPER(s)：LOWER(s)将字符串全部转为小写；UPPER(s)将字符串全部转为大写。

④ STR()：把数值型数据转换为字符型数据。

STR(<float_expression>[,length[,<decimal>]])

    length 指定返回的字符串的长度,decimal 指定返回的小数位数。如果没有指定长度,默认 length 值为 10,decimal 值为 0。当 length 或者 decimal 为负值时返回 NULL。

    当 length 小于小数点左边(包括符号位)的位数时返回 length 个 ∗;先服从 length,再取 decimal。

    当返回的字符串位数小于 length 时左边补足空格。

    ⑤ LEN(s)函数:用于返回一个代表字符串长度的整型值。

    ⑥ 去空格字符串:LTRIM(s)把字符串头部的空格去掉。RTRIM(s)把字符串尾部的空格去掉。

    ⑦ 取子串函数:

- LEFT(s,n):返回字符串 s 左起 n 个字符。
- RIGHT(s,n):返回字符串 s 右起 n 个字符。
- SUBSTRING(s,n,length):返回从字符串 s 左边第 n 个字符起 length 个字符的部分。

    ⑧ 字符串比较函数:CHARINDEX(s1,s2,n)返回 s1 在 s2 中出现的开始位置。

    如果没有发现子串 s1,则返回 0 值。此函数不能用于 TEXT 和 IMAGE 数据类型。

    ⑨ 字符串操作函数:

- REPLACE(s1,s2,s3):返回字符串 s1 中用子串 s3 替换子串 s2。
- SPACE(n):返回一个有指定长度的空白字符串。如果 n 值为负值,则返回 NULL。

4. 常用数学函数

常用的数学函数见表 A-7。

表 A-7　数学函数

函　　数	说　　明
ABS(n)	返回 n 的绝对值
SQRT(n)	返回 n 的平方根
SQUARE(x)	返回指定浮点值 x 的平方
ROUND(x,n)	对 x 四舍五入为指定的精度 n
SIGN(x)	根据 x 是正、是负、是零返回 1、−1、0
POWER(x,y)	幂运算,返回表达式 x 的 y 次方
FLOOR(x)	返回小于或等于 x 的最大整数
Ceilling(x)	返回大于或等于 x 的最小整数
PI()	返回以浮点数表示的圆周率
LOG()	计算以 e 为底的自然对数,e 的值约为 2.718 281 828 182 8
EXP(x)	指数运算,返回以 e 为底的 x 方
RAND()	返回以随机数算法算出的一个小数
SIN()	计算一个角的正弦值,以弧度表示
COS()	计算一个角的余弦值,以弧度表示
TAN()	计算一个角的正切值,以弧度表示

5. 转换函数

① CAST()函数：其参数是一个表达式，包括用 AS 关键字分隔的源值和目标数据类型。

```
CAST(< expression > AS < data_type >[ length ])
```

② CONVERT()函数：对于简单类型转换，CONVERT()函数和 CAST()函数的功能相同，只是语法不同。CAST()函数一般更容易使用，其功能也更简单。CONVERT()函数的优点是可以格式化日期和数值，它需要两个参数，第 1 个是目标数据类型，第 2 个是源数据。

```
CONVERT(< data_type >,< expression >)
```

6. 其他函数

IsNull(字段,值)使用指定的值替换 NULL 值。

例如：SELECT IsNull(Note,'不详') FROM Reader

结果：如果字段 Note 不为 NULL，则显示字段原来的内容，否则返回指定的'不详'。

知识点 3   T-SQL 中 的 流 程 控 制 语 句

在 T-SQL 中提供了用于编写过程性代码的语法结构，可用于进行顺序、分支、循环等程序设计。

1. BEGIN…END 语句

BEGIN…END 语句能够将多个 T-SQL 语句组合成一个语句块，并将处于 BEGIN…END 内的所有程序视为一个单元处理。

（1）语法

```
BEGIN
   {sql_statement|statement_block}
END
```

（2）参数

sql_statement|statement_block：至少一条有效的 T-SQL 语句或语句组。

说明：

① BEGIN 和 END 语句必须成对使用。BEGIN 语句单独出现在一行中，后跟 T-SQL 语句块（至少包含一条 T-SQL 语句）；END 语句单独出现在一行中，指示语句块的结束。

② BEGIN 和 END 语句用于下列情况：在条件语句（如 IF…ELSE）、循环等控制流程语句、CASE 函数的元素需要包含语句块中，当符合特定条件便要执行两个或者多个语句时需要使用 BEGIN…END 语句。

③ 在 BEGIN…END 中可嵌套另外的 BEGIN…END 来定义另一程序块。

2. IF…ELSE 语句

IF…ELSE 语句是条件判断语句，用来判断当某一条件成立时执行某段程序，条件不成立时执行另一段程序。

（1）语法

```
IF logical_expression{sql_statement|statement_block }
```

[ELSE {sql_statement | statement_block}]

（2）结果类型

boolean。

说明：

① 除非使用 BEGIN…END 语句定义的语句块，否则 IF 或 ELSE 条件只影响一个 T-SQL 语句。

② 如果在 IF…ELSE 的 IF 区和 ELSE 区都使用了 CREATE TABLE 语句或 SELECT INTO 语句，那么 CREATE TABLE 语句或 SELECT INTO 语句必须指向相同的表名。

③ IF…ELSE 语句可用于批处理、存储过程和即席查询（自己输入的 SQL 代码即为即席查询）。

④ IF…ELSE 可以嵌套（可在 IF 之后或 ELSE 下面嵌套另一个 IF 语句）。在 T-SQL 中最多可嵌套 32 级；在 SQL Server 2012 中嵌套级数的限制取决于可用内存。

3. CASE 语句

CASE 语句根据测试/条件表达式的值的不同返回多个可能结果表达式之一。

CASE 具有两种格式，即简单 CASE 函数、CASE 搜索函数。

1）简单 CASE 函数

将某个表达式与一组简单表达式进行比较以确定结果。

（1）语法

```
CASE input_expression
WHEN when_expression THEN result_expression        [ …n ]
[ ELSE else_result_expression ]
END
```

（2）参数

- when_expression：与 input_expression 比较的简单表达式。
- result_expression：当 input_expression＝when_expression 比较的结果为 TRUE 时返回的表达式。
- else_result_expression：当 input_expression＝when_expression 比较的结果都不为 TRUE 时返回的表达式。
- input_expression、when_expression、result_expression 和 else_result_expression 可以是任何有效的 SQL Server 表达式，但前两者、后两者的数据类型必须相同或能进行隐式转换。

（3）结果类型

result_expressions 和 else_result_expression 中的最高优先级类型。

（4）返回值

① 首先计算 input_expression，然后按指定顺序对每个 WHEN 子句计算 input_expression＝when_expression，返回计算结果为 TRUE 的第一个 result_expression。

② 在 input_expression＝when_expression 的计算结果都不为 TRUE 的情况下，如果指定了 ELSE 子句则返回 else_result_expression，如果没有指定 ELSE 子句则返回 NULL。

2）CASE 搜索函数

计算一组逻辑表达式以确定结果。

（1）语法

```
    CASE
WHEN logical_expression THEN result_expression        [ …n ]
[ ELSE else_result_expression ]
    END
```

（2）参数

result expression 和 else_result_expression 可以是任何有效的 SQL Server 表达式。

（3）结果类型

result_expressions 和 else_result_expression 中返回最高优先级类型。

（4）返回值

按指定顺序对每个 WHEN 子句求 logical_expression 值，返回计算结果为 TRUE 的第一个 logical_expression 的 result_expression；当 logical_expression 的计算结果都不为 TRUE 时，如果指定了 ELSE 子句则返回 else_result_expression，否则返回 NULL。

4．GOTO 语句

GOTO 语句可以使程序直接跳到指定的标有标识符的位置上继续执行，而位于 GOTO 语句和标识符之间的程序将不会执行。GOTO 语句和标识符可以用在语句块、批处理和存储过程中，标识符可以为数字与字符的组合，但必须以冒号（:）结尾，例如'aa:'.

（1）语法

```
GOTO label
```

（2）参数摘要

label：如果 GOTO 语句指向该标签，则其为处理的起点。标签必须符合标识符规则。无论是否使用 GOTO 语句，标签均可作为注释方法使用。

说明：GOTO 语句和标签可在过程、批处理或语句块中的任何位置，但不能跳转到该批处理以外；GOTO 语句可跳转到定义在 GOTO 之前或之后的标签；GOTO 语句可嵌套使用。

5．WHILE 语句

WHILE 语句的作用是为重复执行某一语句或语句块设置条件。只要指定的条件为真，就重复执行语句。用户可以使用 BREAK 和 CONTINUE 在循环内部控制 WHILE 循环中语句的执行。

（1）语法

```
WHILE logical_expression BEGIN
    { sql_statement | statement_block }        [ BREAK ]
    { sql_statement | statement_block }        [ CONTINUE ]
    { sql_statement | statement_block }
END
```

（2）参数

- BREAK：立即无条件跳出循环，并开始执行 END（循环结束的标记）后面的语句。
- CONTINUE：跳出本次循环，开始执行下一次循环（忽略 CONTINUE 后面的语句）。

说明：如果嵌套了两个或多个 WHILE 循环，则内层的 BREAK 将退出到下一个外层循环。将首先运行内层循环结束之后的所有语句，然后重新开始下一个外层循环。

6. RETURN 语句

RETURN 语句用于无条件退出查询或过程。

（1）语法

RETURN[integer_expression]：可向调用过程返回一个整数值。

（2）参数

integer_expression：整数表达式。

（3）返回类型

可以选择返回 int。

说明：

① 可在任何时候用于从过程、批处理或语句块中立即退出。当前过程、批处理或语句块中 RETURN 之后的语句不会被执行。

② 调用存储过程的语句可根据 RETURN 返回的值判断下一步应该执行的操作。除非专门说明，系统存储过程的返回值为零表示调用成功，否则有问题发生。

③ 如果用于存储过程，RETURN 不能返回空值。

④ 在执行了当前过程的批处理或过程中可以在后续执行的 T-SQL 语句中包含返回状态值，但必须以格式"EXECUTE · @return_status=< procedure_name >"输入。

7. WAITFOR 语句

WAITOR 语句用于在达到指定时间或时间间隔之前或者在指定语句至少修改或返回一行之前暂时阻止执行批处理、存储过程或事务。

（1）语法

```
WAITFOR
{
    DELAY 'time_to_pass'|TIME 'time_to_execute'|(receive_statement)[,TIMEOUT timeout]}
```

（2）参数

- DELAY：可继续执行批处理、存储过程或事务之前必须经过的指定时段，最长 24 小时。
- 'time_to_pass'：等待的时段。
- TIME：指定的运行批处理、存储过程或事务的时间。
- 'time_to_execute'：WAITFOR 语句完成的时间。

'time_to_pass'和'time_to_execute'的数据类型为 datatime、格式为 hh:mm:ss。可使用 datetime 数据可接受的格式之一指定时间，也可将其指定为局部变量。但不能指定日期，因此不允许指定 datetime 值的日期部分。

- receive_statement：有效的 RECEIVE 语句。包含 receive_statement 的 WAITFOR

仅适用于 Service Broker 消息。

- TIMEOUT timeout：指定消息到达队列前等待的时间（以毫秒为单位）。指定包含 TIMEOUT 的 WAITFOR 仅适用于 Service Broker 消息。

说明：

① 执行 WAITFOR 语句时事务正在运行，并且其他请求不能在同一事务下运行。

② WAITFOR 不更改查询的语义。如果查询不能返回任何行，WAITFOR 将一直等待，或等到满足 TIMEOUT 条件（如果已指定）。

③ 不能对 WAITFOR 语句打开游标或定义视图。

④ 如果查询超出了 query wait 选项的值，则 WAITFOR 语句参数不运行即可完成。

⑤ 若要查看活动进程和正在等待的进程，请使用 sp_who。

⑥ 每个 WAITFOR 语句都有与其关联的线程。如果对同一服务器指定了多个 WAITFOR 语句，可将等待这些语句运行的多个线程关联起来。SQL Server 将监视与 WAITFOR 语句关联的线程数，并在服务器开始遇到线程不足的问题时随机选择其中部分线程以退出。

⑦ 在保留禁止更改 WAITFOR 语句所试图访问的行集的锁的事务中可通过运行含 WAITFOR 语句的查询来创建死锁。如果可能存在上述死锁，则 SQL Server 会标识相应情况并返回空结果。

知识点举例：

例 1 全局变量的使用，查询当前版本信息。

结果如图 A-1 所示。

```
SELECT @@version
```

图 A-1 全局变量的使用

例 2 用 SET 语句对局部变量赋值。

结果如图 A-2 所示。

```
DECLARE @num int,@cnum char(10)
```

T-SQL 基础

```
SET @num = 2004
SET @cnum = '2004'
PRINT @num
PRINT @cnum
```

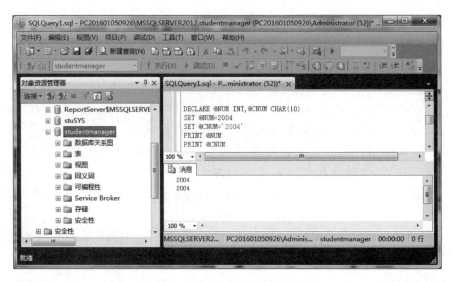

图 A-2 使用 SET 给局部变量赋值

例 3 用 SELECT 语句对局部变量赋值。

结果如图 A-3 所示。

```
DECLARE @name varchar(10),@ssex char(2)
SELECT @name = s_name,@ssex = s_sex FROM student
WHERE s_id = '2016010101'
PRINT @name
PRINT @ssex
```

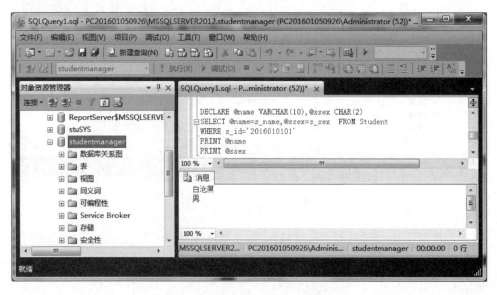

图 A-3 使用 SELECT 给局部变量赋值

例 4 使用 IF…ELSE 语句实现判断。

结果如图 A-4 所示。

```
USE studentmanager
 GO
 DECLARE @record int
 SELECT @record = COUNT( * ) FROM student
IF @record > 30
 BEGIN
    PRINT '该班有' + LTRIM(STR(@record)) + '人'
    PRINT '进行分班上课'
 END
ELSE
 BEGIN
    PRINT '该班有' + LTRIM(STR(@record)) + '人'
    PRINT '单班上课'
 END
```

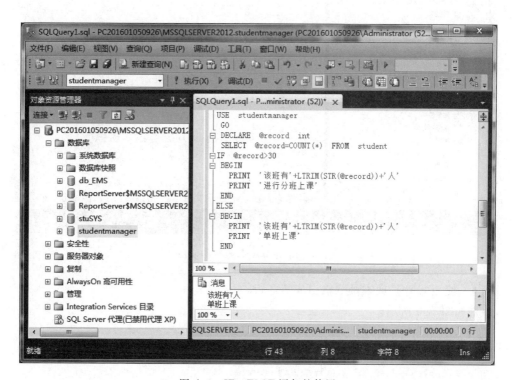

图 A-4 IF…ELSE 语句的使用

例 5 使用简单 CASE 函数输出成绩等级。

结果如图 A-5 所示。

```
USE  studentmanager
GO
DECLARE @分数 decimal, @成绩级别 nchar(3)
SET @分数 = 88
SET @成绩级别 =
```

```
CASE FLOOR(@分数/10)
    WHEN 10 THEN '优秀'
    WHEN 9 THEN '优秀'
    WHEN 8 THEN '良好'
    WHEN 7 THEN '中等'
    WHEN 6 THEN '及格'
    ELSE '不及格'
END
PRINT @成绩级别
```

图 A-5   简单 CASE 函数的使用

例 6   使用 CASE 搜索函数输出成绩等级。

结果如图 A-6 所示。

```
USE    studentmanager
GO
DECLARE @分数 decimal(3,1), @成绩级别 nvarchar(3)
SET @分数 = 88
SET @成绩级别 =
case
    WHEN @分数>=90 AND @分数<=100 THEN '优秀'
    WHEN @分数>=80 AND @分数<90 THEN '良好'
    WHEN @分数>=70 AND @分数<80 THEN '中等'
    WHEN @分数>=60 AND @分数<70 THEN '及格'
    ELSE '不及格'
END
PRINT @成绩级别
```

图 A-6 CASE 搜索函数的使用

例7 使用 GOTO 语句计算 1+2+3+…+100 的总和。
结果如图 A-7 所示。

```
USE  studentmanager
GO
DECLARE @sum int,@count int
SELECT @sum = 0,@count = 1
label1:
SELECT @sum = @sum + @count
SELECT @count = @count + 1
IF @count <= 100
  GOTO label1
SELECT @sum '总和'
```

例8 使用 WHILE 语句计算 1+2+3+…+100 的总和。

```
USE studentmanager
GO
DECLARE @i int, @sum int
SET @i = 1
SET @sum = 0
WHILE @i <= 100
    BEGIN
        SET @sum = @sum + @i
        SET @i = @i + 1
```

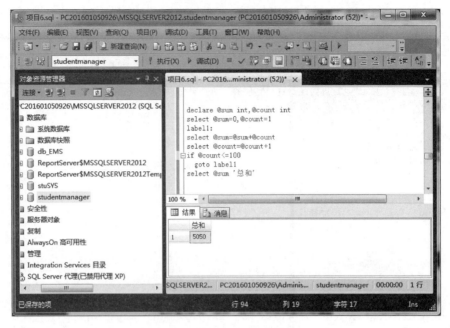

图 A-7　GOTO 语句的使用

END
SELECT @sum '1 + 2 + 3 + … + 100 的和为'

例 9　WAITFOR TIME 语句的使用。

使用 WAITFOR TIME 语句在下午 3：22(15：22)执行存储过程,运行结果如图 A-8 所示。

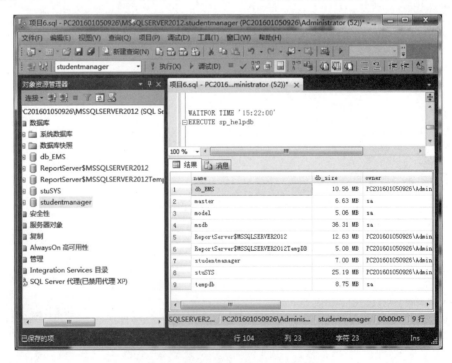

图 A-8　WAITFOR TIME 语句的使用

```
WAITFOR TIME '15:22:00'
EXECUTE sp_helpdb
```

例 10 WAITFOR DELAY 语句的使用。

使用 WAITFOR DELAY 语句在两分零 5 秒的延迟后执行存储过程,结果如图 A-9 所示。

```
WAITFOR DELAY '00:02:05'
EXECUTE sp_helpdb
```

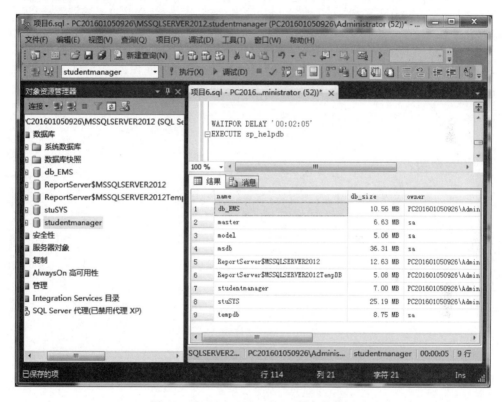

图 A-9 WAITFOR DELAY 语句的使用

T-SQL 基础

参 考 文 献

[1] 奎晓燕,刘卫国.数据库技术与应用实践教程——SQL Server 2008[M].北京：清华大学出版社,2014.

[2] 姜桂洪.SQL Server 2008 数据库应用与开发习题解答与上机指导[M].北京：清华大学出版社,2016.

[3] 贾祥素.SQL Server 2012 案例教程[M].北京：清华大学出版社,2014.

[4] 姜桂洪.SQL Server 2008 数据库应用与开发[M].北京：清华大学出版社,2015.

[5] 梁爽.SQL Server 2008 数据库应用技术(项目教学版)[M].北京：清华大学出版社,2014.

[6] 石玉芳.数据库技术(SQL Server 2008)[M].北京：清华大学出版社,2015.

[7] 屈武汉,耿真松.Access 数据库技术与应用项目化教程[M].大连：大连理工大学出版社,2014.